水草造景和热带观赏鱼饲养技术手册

打造理想水族箱

[日] 水谷尚义　森冈笃　编著

王璟恬　译

人民邮电出版社

北京

图书在版编目（CIP）数据

水草造景和热带观赏鱼饲养技术手册 : 打造理想水族箱 / (日) 水谷尚义, (日) 森冈笃编著 ; 王璟恬译. -- 北京 : 人民邮电出版社, 2022.3（2022.8重印）
ISBN 978-7-115-57377-3

Ⅰ. ①水… Ⅱ. ①水… ②森… ③王… Ⅲ. ①水生维管束植物－观赏园艺－手册②热带鱼类－观赏鱼类－鱼类养殖－手册 Ⅳ. ①S682.32-62②S965.816-62

中国版本图书馆CIP数据核字(2021)第195149号

内 容 提 要

本书是一本讲解如何为热带鱼和水草打造理想水族箱的教程。

全书共 6 章。第 1 章是令人向往的水族箱设计风格，第 2 章是世界热带鱼及水草图鉴，第 3 章是热带鱼及工具的选购方法，第 4 章是水族箱的一星期打造计划，第 5 章是水族箱设备的保养，第 6 章是热带鱼的饲养和水草的养殖。本书通过大量图片讲解了水族箱造景的设计、选品、前期准备、打造，以及后期养护，并配有用语说明，便于读者更好地理解本书要点。

全书适合热带鱼爱好者、造景爱好者，以及相关从业者阅读。快来跟随本书一起打造自己专属的热带鱼水族箱吧。

◆ 编　　著　[日] 水谷尚义　森冈笃
　译　　　　王璟恬
　责任编辑　王　铁
　责任印制　周昇亮
◆ 人民邮电出版社出版发行　北京市丰台区成寿寺路 11 号
　邮编　100164　电子邮件　315@ptpress.com.cn
　网址　https://www.ptpress.com.cn
　北京宝隆世纪印刷有限公司印刷
◆ 开本：690×970　1/16
　印张：11.75　　　2022 年 3 月第 1 版
　字数：301 千字　　2022 年 8 月北京第 3 次印刷
著作权合同登记号　图字：01-2019-3075 号

定价：89.90 元

读者服务热线：(010)81055296　印装质量热线：(010)81055316
反盗版热线：(010)81055315
广告经营许可证：京东市监广登字 20170147 号

目录

第6章 热带鱼的饲养和水草的养殖

多彩的室内设计——水族箱

均衡搭配热带鱼、水草、绿植和石块，就可以打造出美丽的水族箱。
虽然观察水族箱内的动植物的生活才是最大乐趣所在，但水族箱作为室内装饰也能为房间的装点平添不少魅力。
在此，我将为大家介绍室内水族箱的设计方法。

只要掌握了要领，就可以随心所欲地摆放。

不少人都会为水族箱的摆放地点而苦恼，水族箱作为兼具观赏性和娱乐性的室内装饰，放在自己视线所及之处是最合适的。

只要避开地面不平坦或是有阳光直射的地方，就可以选择自己心仪的地点摆放。

当然，大家都会希望精心做好的水族箱能更加美丽。与其在选择摆放地点犹豫不决，不如把心仪的位置早早收拾好，这样就能把水族箱放过去慢慢欣赏了。

放在窗台边能彰显个性

窗台是最能彰显住户兴趣和个性的地方之一，但要切记避免阳光直射水族箱。在水族箱旁边放上几株绿植，鱼儿的“动”搭配上植物的“静”，动静结合，相得益彰。

水族箱尺寸：长 490mm，宽 180mm，高 300mm

放在一家人团圆和乐的地方

客厅是一家人团聚、其乐融融的地方，在这里欣赏水族箱再适合不过了。红色、黄色等颜色鲜艳的鱼儿游来游去，比插花还美，再配上茂密的水草，整个客厅仿佛都被点亮了。令人目不转睛的热带鱼，让家人间的闲聊愈加活络。

水族箱尺寸：长 350mm，宽 250mm，高 250mm

案例3 放在玄关有治愈和“打气”效果

把水族箱摆放在玄关，出门前看到会让人觉得活力满满，回家时又能放松心情，缓解疲劳。在观赏热带鱼的过程中自己也能精神倍增。另外，把自己引以为傲的水族箱放在玄关，其实也是在不经意间展示给访客。

水族箱尺寸：长 313mm，宽 263mm，高 310mm

案例4 可作为房间照明

其实，水族箱的光很亮，如果将其作为房间照明灯使用，就能营造出荧光灯和间接照明所无法营造出的绝佳氛围。将水族箱作为简约风格房间的装饰也是一个不错的想法。如今设计新潮的水族箱和工具也越来越多，可挑选自己心仪的样式购买。

水族箱尺寸：长 360mm，宽 300mm，高 310mm

案例 5 在做家务时帮助转换心情

在承重能力强的柜子、写字桌、餐桌上摆放小型水族箱是没有问题的。在做家务的间隙欣赏摆放在厨房的水族箱，劳累便会一扫而空，做起家务也就更得心应手了。不过，小型水族箱极易受外部气温影响，要时刻注意水温是否发生变化。

水族箱尺寸：长 300mm，宽 300mm，高 300mm

注意：请根据想要摆放的地点选择合适尺寸的水族箱

为了方便换水和保养，一开始可以将水族箱摆放在离水龙头近的玄关处，或是空间大、方便操作的客厅。

另外，重量超过 60kg、长度超过 60cm 的大型水族箱需要用专门的承重台来摆放，因此这种水族箱的摆放地点需根据承重台的放置地点来决定。

不过，只要选择恰当的水族箱尺寸，就能放在自己心仪的地点了。例如，45cm 长的水族箱可以摆放在自己的房间或卧室里，选择牢固的桌子或棚架即可。

至于厨房和卫生间这样狭窄的地方，40cm 以下的小型水族箱最为合适。现在也出现了不少可内置的配套工具，可以根据水族箱的摆放地点进行选购。

推荐摆放地点

- 牢固且平坦的地方
- 没有阳光直射的地方
- 不易晃动的地方
- 离水龙头及下水道近的地方

案例6

把喜欢的热带鱼放在卧室或书房

卧室和书房是属于自己的空间，不少人会把水族箱放在卧室或书房，在水族箱里只放一条心仪的热带鱼。尽情欣赏和自己房间相得益彰的水族箱吧。心烦意乱的时候看看优哉游哉的鱼儿，说不定会有意想不到的收获。

第1章

设计令人向往的水族箱

亲手打造一个水族箱小世界，将会给你带来小确幸。
通过本章，你能够学到专业的技巧和知识。

生动的超自然派

生动的超自然派是可以展现大型水族箱特点的压倒性设计风格。用较高的荷兰草以及茂密的铁皇冠等具有较强存在感的水草可以展现出水族箱宏大的规模。倘若加上游动的黑莲灯鱼群，势必美不胜收。

托氏变色丽鱼的身体像彩虹一样，它会吃掉附着在水草上的不必要的贝类，是防止贝类繁殖过多的撒手锏。

珍珠鱼有一条横贯全身的美丽条纹，其长度略长，对于初级者来说很好养活。

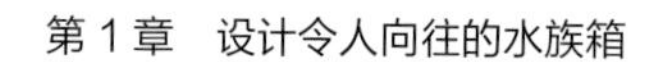

◆水族箱相关数据

水族箱尺寸	900mm × 450mm × 600mm
水温	26℃
pH	6.5
底砂	精选强吸附天然黑沙矶沙型号 S
照明	150W × 2（金属卤化灯）
过滤器	德国伊罕 2213 和德国伊罕 2217
二氧化碳	3 滴 / 秒
肥料	液肥
鱼和虾	珍珠鱼
	黑莲灯鱼
	小精灵鱼
	托氏变色丽鱼
	大和藻虾

◆使用造景（石块、流木、水草等）

装饰	石块、流木
水草	A　荷兰草
	B　绿宫廷
	C　铁皇冠
	D　黑木蕨
	E　改良红苋草
	F　齿叶睡莲
	G　香香草
	H　红苋草
	I　箦藻
	J　水藓

布局（俯视图）

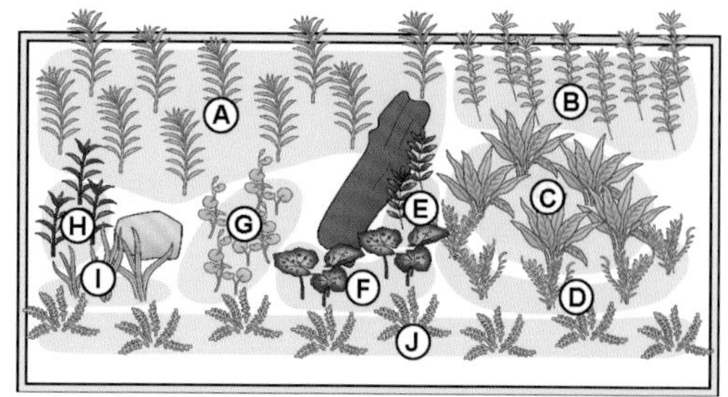

铁皇冠是易于种植的代表性水草，即使没有强光和二氧化碳也很容易成活。

黑莲灯鱼性格较沉稳，适合混养，群游时非常美丽。

齿叶睡莲的颜色和形状具有典型特征，常用作布局点缀。

古城风韵的风雅闲寂派

本案例的古城风韵的风雅闲寂派以大块石头作为主基调，使用大量万天石，给人以寺院的感觉。不必让水草很高，背景采用蓝色能给人开阔的感觉。前景恰当地铺设，以发挥空间效果，打造出充满生机的景观。

矮珍珠是常用的前景水草之一，在大型水族箱前部铺设就可以打造出上图的美景。

蝴蝶草在光线直射时会舒展叶片，但光线微弱时叶片会蜷缩，适合用作背景装饰。

◆水族箱相关数据

水族箱尺寸	900mm×450mm×450mm
水温	26℃
pH	6.8～6.9
底砂	Aqua Soil Afrikaner
照明	150W（金属卤化灯）、20W×2（荧光灯）
过滤器	ADA 超流 ES-1200
二氧化碳	无
肥料	无
鱼	宝莲灯鱼

◆使用造景（石块、水草等）

装饰	ADA 万天石
水草	A　矮珍珠
	B　绿宫廷
	C　印度小圆叶
	D　青蝴蝶草
	E　小红莓
	F　大叶珍珠草
	G　红水蓼
	H　篑藻
	I　小红叶
	J　绿松尾

布局（俯视图）

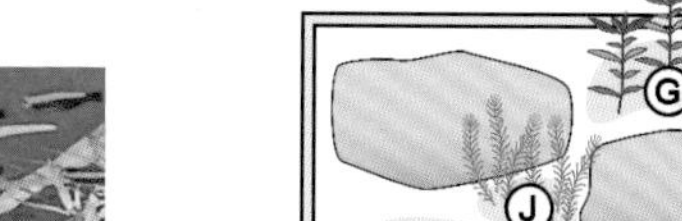

松尾草拥有嫩松叶般的叶片，与水族箱整体十分搭配，是水族箱设计的一个亮点。

像宝莲灯鱼这样的小型热带鱼群游时非常好看，150 条宝莲灯鱼群游时的景象简直让人叹为观止。

粗放的呼吸派

本案例的粗放的呼吸派是再现火山脚下原生景观的设计风格。作为主角的熔岩石背面设计有后置景观装饰，给人一种呼之欲出的压迫感。莎草、铁皇冠等具有透明感的水草可以缓和熔岩石的僵硬感，平衡造景。

断线脂鲤鱼体富有彩虹光泽，经常游得很欢快，因此要小心它跃出水族箱。

白化咖啡鼠鱼的白色身体与它有趣的游姿是水族箱内的一道靓丽的风景。

◆水族箱相关数据

水族箱尺寸	600mm × 300mm × 450mm
水温	26℃
pH	7.0
底砂	熔岩沙
照明	36W × 2（AQUA new twin 600）
过滤器	德国伊罕 2234（外置式）
二氧化碳	无
肥料	无
鱼和虾	断线脂鲤
	白化咖啡鼠鱼
	小精灵鱼
	大和藻虾

◆使用造景（石块、流木、水草等）

装饰	熔岩石、流木
水草	A　莎草
	B　铁皇冠
	C　水榕
	D　箦藻
	E　水藓
	F　绿地毯

迷你水榕有许多品种且易成活。栽种在流木和石块之间即可。

布局（俯视图）

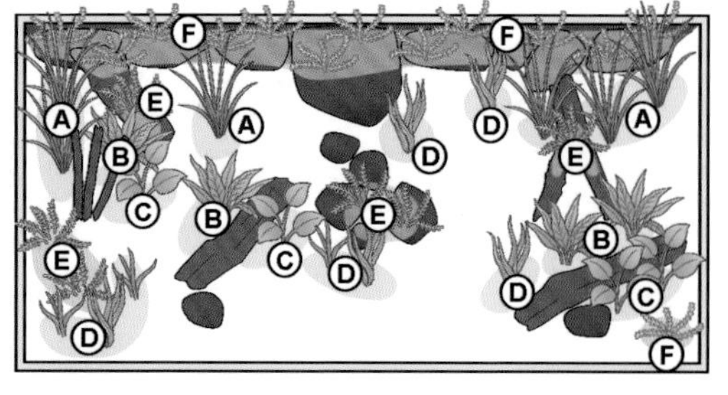

箦藻适合布置在前景，分散栽种会显得比较自然。

让绿地毯和流木混合生长较为合适，这里用绿地毯遮盖流木和熔岩石的接触面。

4 60cm 晴朗的午后公园派

晴朗的午后公园派是被柔软的阳光包围着的静谧公园风格。各色水草左右对称栽种，与水族箱的整体光感融为一体。最关键的是要营造出一个中部空间，让鱼儿自由游动。

埃氏三角波鱼群游时非常好看。蓝色背景和淡橙色的鱼儿相得益彰，让整个水族箱熠熠生辉。

蝴蝶草生长速度较快，只要及时施肥和简单修剪，就能呈现出饱满感。

◆水族箱相关数据

水族箱尺寸	600mm × 300mm × 360mm
水温	25℃
pH	6.5 ～ 6.8
底砂	水草 - 番砂
照明	55W × 2（AQUA power twin 600）
过滤器	德国伊罕 2213
二氧化碳	2 滴 / 秒
肥料	红杉底砂肥料
鱼和虾	埃氏三角波鱼
	金丽丽鱼
	小精灵鱼
	黑线飞狐鱼
	大和藻虾

◆使用造景（石块、水草等）

装饰	石块
水草	A　大莎草
	B　小柳
	C　小圆叶
	D　红蝴蝶草
	E　迷你天湖荽
	F　矮珍珠

布局（俯视图）

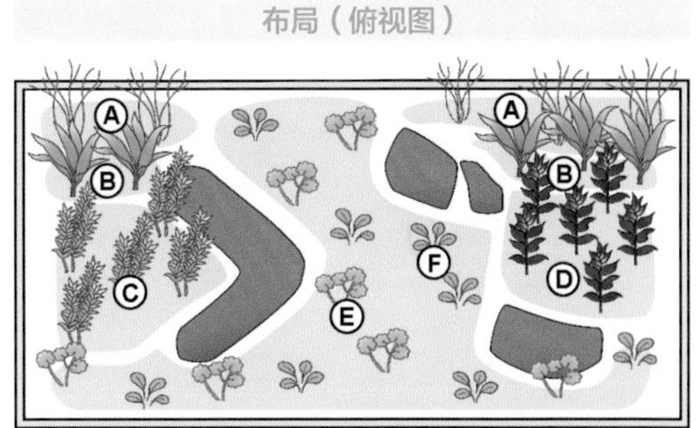

集中栽种的迷你天湖荽，让水族箱整体呈现温柔色调。

金丽丽鱼最大的特征是它美丽的颜色。其体形较小，适合混养。

红蝴蝶草颜色鲜红，十分惹眼。含铁肥料与强光能使它的颜色更加鲜艳。

空间美学派

本案例使用大块熔岩石，充分展现了叉钱苔水草的特点。叉钱苔水草的叶片上有许多暗示其健康的小气泡。可以通过空间美学派的水族箱尽情欣赏鱼群，该风格是充满生机的设计风格。

这一整体较为保守的设计风格，最大限度地彰显出了宝莲灯鱼的魅力。

拥有细长叶片的尖叶皇冠草，是水族箱布局中的一个亮点。

◆水族箱相关数据

水族箱尺寸	600mm × 300mm × 360mm
水温	26.6℃
pH	6.4
底砂	可调节水质底床
照明	20W × 4 个
过滤器	德国伊罕 2222
二氧化碳	无
肥料	无
鱼	宝莲灯鱼
	埃氏三角波鱼
	红衣梦幻旗灯鱼

◆使用造景（石块、水草等）

装饰	熔岩石
水草	A　叉钱苔
	B　红蝴蝶草
	C　牛毛毡
	D　越南狭叶箦藻

布局（俯视图）

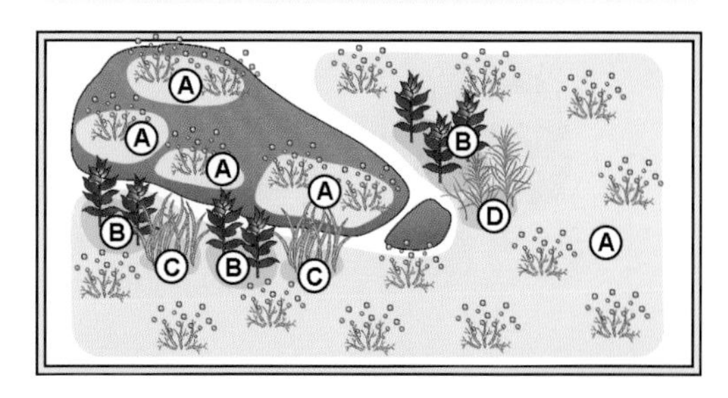

叉钱苔水草原本是浮在水面生长的，要使其像这样大量附着于岩石或水床底部，需要费不少的工夫。

加入的红蝴蝶草，为略显单调的整体布局增添了色彩。

与红蝴蝶草同色系的红衣梦幻旗灯鱼，非常适合与宝莲灯鱼混养。

自然的川流河床派

鲜艳的水蕨同色彩亮丽的河石的组合，充分衬托出马赛克孔雀的魅力。石块从左后方至右前方的倾斜摆放，不仅能打造出一种纵深感和立体感，还能起到固定沙子的作用。

马赛克孔雀鱼如同它的名字一般，拥有美丽的马赛克花纹，是在明亮绿色中的一抹独具特色的美。

长椒草水上叶片的绿色较浅，水下叶片绿色较深。长椒草容易栽培，可以大量培植。

◆水族箱相关数据

水族箱尺寸	600mm × 300mm × 360mm
水温	26℃
pH	6.5 ~ 7.0
底砂	孔雀鱼专用砂
照明	20W × 2 个
过滤器	底端加顶端过滤器
二氧化碳	无
肥料	无
鱼	马赛克孔雀鱼

◆使用造景（石块、水草等）

装饰	川流石块
水草	A　水蕨
	B　皇冠草
	C　咖啡椒草
	D　长椒草
	E　内维椒草
	F　细叶皇冠草
	G　柳叶红水蓑衣
	H　南美洲莫斯

皇冠草是典型的莲座叶丛类水草。充分生长的皇冠草能让水族箱看上去更加饱满。

布局（俯视图）

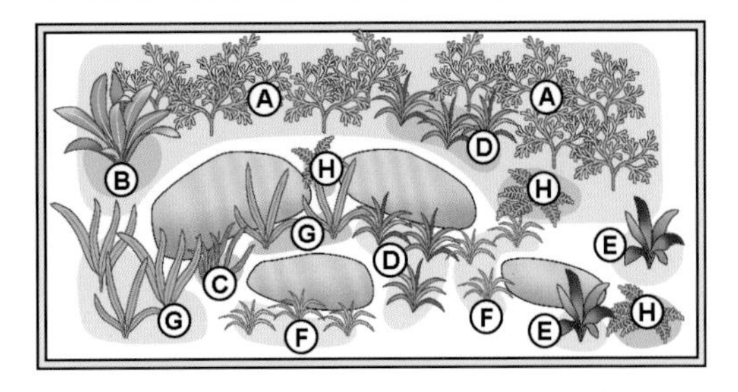

用水蕨做背景可以给人轻快明亮的感觉。

细叶皇冠草的叶片窄而短小，很容易成活，安心期待它的成长吧。

朦胧的凌乱派

这种风格用底砂营造出空间感，着重考虑了鱼类游动的舒适性。鱼儿自由游动的朦胧凌乱感最为赏心悦目。亮绿色的水草搭配红柳、流木等，可打造出一种高级的明丽感。

眼周花纹十分可爱的熊猫鼠鱼稍有些敏感、怕生，但若是数十条一同放入水族箱就能很快融入其中。

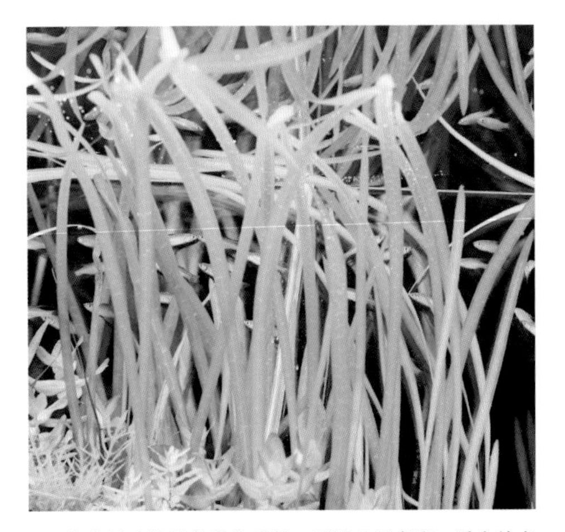

韭菜兰叶片呈条带状延伸，可以凸显高度，适合放在背景。

绿蝴蝶草展现了红绿对比，需要进行精细的修剪。

◆水族箱相关数据

水族箱尺寸	450mm × 450mm × 450mm
水温	26℃
pH	6.8
底砂	热带鱼 - 番沙
照明	AQUA new twin 450 × 2（27W × 4）
过滤器	德国伊罕 2213
二氧化碳	可添加
肥料	固体肥料
鱼	熊猫鼠鱼
	金珍珠鼠鱼
	奥波根鼠鱼
	燕子美人

◆使用造景（流木、水草等）

装饰	枝状流木
水草	A　韭菜兰
	B　红柳
	C　水罗兰
	D　巴戈草
	E　青蝴蝶草
	F　绿宫廷
	G　绿温蒂椒草
	H　澳洲三裂天胡荽
	I　矮珍珠
	J　南美洲莫斯

布局（俯视图）

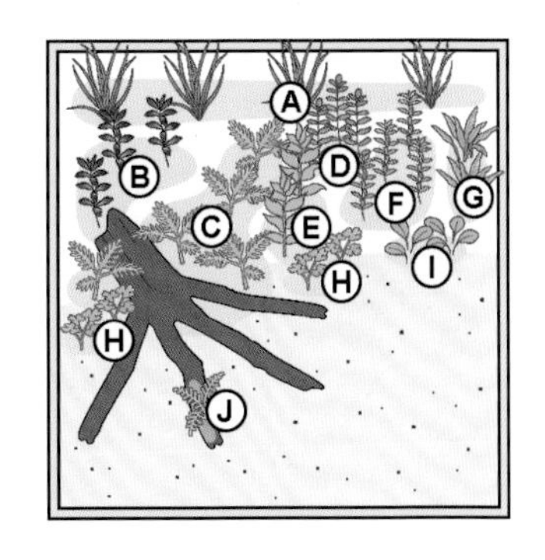

全身带有斑点的金珍珠鼠鱼的橙黄色胸鳍十分美丽。其性格温和，适合混养。

热带鱼中心派

热带鱼中心派虽然是一种较为简单的设计风格，但在小型水族箱中进行空间布置却要下很大功夫。虽然没有采用大量的水草，但对称的分布营造出了饱满的感觉。可以尽情欣赏喜欢群游的小鱼在水族箱里嬉戏的美景。

具有代表性的热带鱼之一——淡水神仙鱼。其游动时鱼鳍会上下摆动，十分有趣。

宝莲灯鱼是最受追捧的热带鱼之一。要想欣赏它们美丽鲜艳的红蓝相间的条纹，最好大量养殖。

◆水族箱相关数据

水族箱尺寸	450mm × 300mm × 360mm
水温	28℃
pH	6.8
底砂	大矶砂
照明	15W × 2 个
过滤器	单触式过滤器
二氧化碳	无
肥料	无
鱼	宝莲灯鱼
	淡水神仙鱼

◆使用造景（流木、水草等）

装饰	流木
水草	A　叉钱苔
	B　中柳

布局（俯视图）

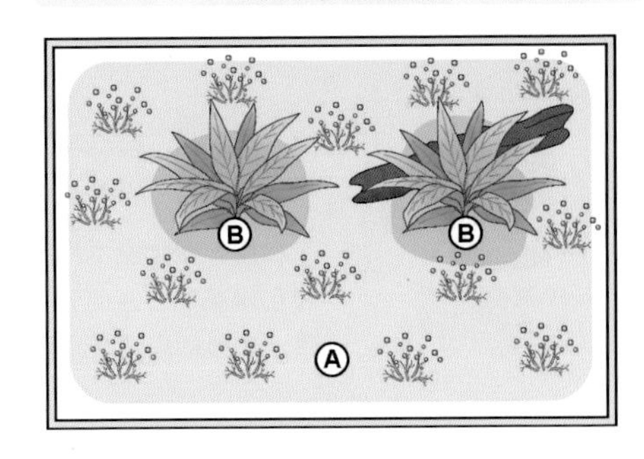

成片的叉钱苔水草看上去就像是绿色的绒毯。如果是 45cm 以下的小水族箱，可以试试在底部种满叉钱苔水草，酌情增加水草种植量即可。

顾名思义，中柳叶片大而厚实，作为主打水草，其存在感十足。

森林探险派

用一根大流木作为核心，用绿温蒂椒草修饰边缘。同时，通过均衡树枝和水草的多方向分布，让水族箱显得更大。在结实可靠的大流木的守护下，鱼儿们自由游动着。采用这种风格的水族箱仿佛水中原始森林一般。

金旗灯鱼生命力强，不挑食，适合初级者饲养。赤红色的尾鳍十分漂亮。

宛如藤蔓的澳洲三裂天胡荽，和流木搭配在一起彰显出一种动感。

大和藻虾会吃苔藓，在水族箱初步布置阶段放入，可以有效防止苔藓繁殖。

◆水族箱相关数据

水族箱尺寸	410mm×250mm×380mm
水温	26℃
pH	6.5 ~ 6.8
底砂	黑光砂
照明	13W（Tetra Lift Up Light LL-3045）
过滤器	Tetra Auto Power Filter-AX-60（外置式）
二氧化碳	无
肥料	无
鱼和虾	金旗灯鱼
	三间鼠鱼
	大和藻虾

◆使用造景（流木、水草等）

装饰	流木
水草	A　绿温蒂椒草
	B　黑木蕨
	C　澳洲三裂天胡荽
	D　水榕
	E　狭叶中喷泉水草

绿温蒂椒草在种植后会经历旧叶枯萎、新叶再生的阶段，以熟悉水质。

布局（俯视图）

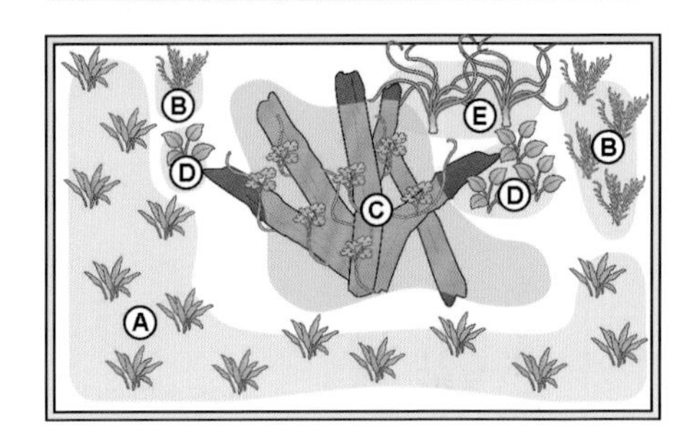

黄黑相间的三间鼠鱼习惯在水底寻找饵料，有助于清理残饵。

梦幻的异世界派

本案例的梦幻的异世界派是以白色为主题的个性十足的设计风格。要想使鱼儿的透明感和白色的底砂相辅相成，合理搭配是最重要的。尝试一下这种风格：从上到下颜色渐深的水草，再搭配颜色相符的熔岩石，与白色形成较强的视觉冲击效果。

真红眼白子霓虹礼服孔雀鱼，和淡蓝色凤凰短鲷相得益彰。

德系黄礼服孔雀鱼，它带有的暖黄色的大尾鳍最有特色。

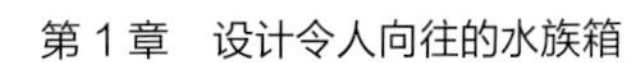

◆水族箱相关数据

水族箱尺寸	360mm × 210mm × 260mm
水温	25℃
pH	6.8 ~ 7.0
底砂	Project Soil Premium Extra White
照明	24W 和 20W（臂状灯）
过滤器	外置式过滤器
二氧化碳	1 滴 / 秒
肥料	液肥
鱼	真红眼白子霓虹礼服孔雀鱼（日本产）
	德系黄礼服孔雀鱼（日本产）

◆使用造景（石块、水草等）

装饰	石块
水草	A　细长水兰草
	B　松尾草
	C　日本珍珠草
	D　狭叶红蝴蝶草
	E　牛毛毡
	F　迷你兰

布局（俯视图）

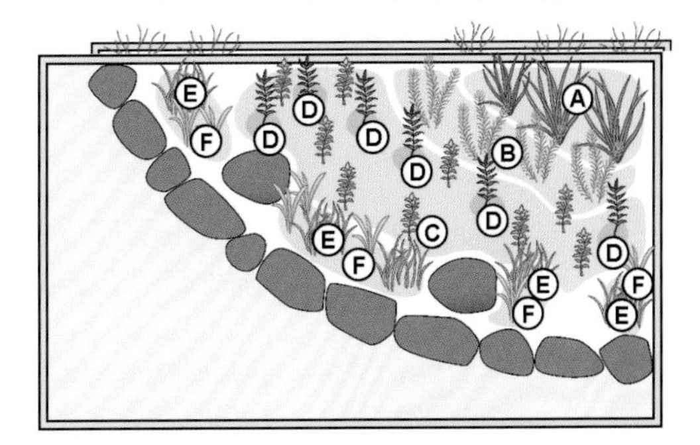

在日本珍珠草中交错种植着狭叶红蝴蝶草，虽然实际上只种了不到十株，却强烈展现出了水族箱的特点。

日本珍珠草的特点就是叶片小，及时修剪的话，可以保证水草的密度。

// 如何打造理想的水族箱 //

有的人心中早有“我想要设计这样的水族箱”的明确计划，也有的人觉得“虽然只有一个大致概念，但是我先试试看吧”。不管怎样，接下来我将介绍理想水族箱的设计方法，让大家一开始就不会失败。

选择好主要的鱼之后，就可以开始布置环境了

选择一种热带鱼作为水族箱主角，再根据鱼的种类选择水族箱的尺寸和配套设备。譬如，体形较大的鱼，或适合群游的鱼，就要选择比较宽敞的水族箱；水不干净就没法存活的鱼，需要配套功能比较强劲的过滤器。

设计水族箱时，考虑搭配和相容性是很重要的。选择热带鱼的时候，询问商店里的人是最方便的方法，他们会为你挑选适合你的热带鱼的水族箱、水草和配套设备。只要告诉他们你的预算、计划放置地点，并向他们展示你理想的水族箱风格照片，他们就会按照你的需求为你挑选，这样一来，也就有保障了。

选择好主要的热带鱼之后，就要开始考虑一起混养的鱼和水草了。这时候最关键的就是尽可能让水族箱保持自然的状态。要注意不要放入不能混养的鱼，喜欢群聚的鱼要集中喂养，鱼的数量不要超过水族箱的容量等，把不相容的鱼类混合喂养会给鱼类压力。

像铁皇冠草和水榕这样的水草，不需要肥料和强光就能茁壮成长，栽培非常方便。有些鱼会把水草吃掉，挑选的时候务必要注意。

循序渐进打造理想风格

配套设备和零部件都准备齐全了之后，就可以开始设计水族箱了（具体方法参照第131~144页）。要想打造出完美的水族箱，秘诀就是先画出示意图。要是不擅长绘画，也可以采用简单的画法，在中间画一座山，或画出两边水草较高、中间较低的山谷型布局，把水草设计在左上角或右上角，像这样大致地构图就可以了。一边参考示意图，一边设计水族箱会更加有把握。

另外，要想看起来好看，就一定要注重水族箱的层次感。较高的水草种植在后方，较低的水草种植在前方，这样的高低差可以营造出纵深感。在水族箱前方或一侧打造出一个什么都不放的空间，任其自由变化，可以轻松展现出层次感。

完美打造出自己心中的理想水族箱确实很难，不过我们不必一次性完成水族箱的设计，要循序渐进、不断调整，使其不断接近心中的形象即可。水草在生长过程中形状会不断变化，根据环境不同，培育方法和颜色也会有所不同。反复尝试，最终打造出自己理想的水族箱，才是设计水族箱的妙处所在。

精心保养，保持水族箱的美丽

要想让水族箱始终保持美丽，秘诀就在于精心保养，要时刻谨记对水族箱进行适当的换水、清理、水草修剪和养分补充。

保养次数不能太少，但要是保养频率过高也会导致环境变化过于频繁，鱼儿和水草可能无法及时适应，一星期一次的频率即可。经过一番精心保养，你的水族箱就会更加魅力无限。

第2章

世界热带鱼与水草图鉴

从水族箱的传统搭配到最新人气热带鱼，
共计 223 种热带鱼的介绍，
再加上 36 种水草相关资料。
全部都是挑选热带鱼过程中必不可少的重要情报！

世界各地的人气热带鱼

虽然都统称为热带鱼，但各类热带鱼的产地却各有不同。东南亚与非洲的热带鱼虽然是同种热带鱼，却有着截然不同的习性。在深入了解热带鱼的基础上，掌握热带鱼原产地的相关信息就显得格外重要。适合各种热带鱼的水温和水质都是由它们的原产地决定的。只是想想洄游于亚马孙河的热带鱼，还有往来于尼罗河的热带鱼的样子，就觉得梦幻又浪漫。

倒游鲶

漂亮宝贝鳉

非洲地区

泰国三纹虎

三间鼠鱼

东南亚地区

泰国斗鱼

蓝三角

过背金龙

弓鳍鱼

金钱豹鱼

北美洲、美洲大陆中部地区

南美洲

珍珠燕子灯鱼

星点龙鱼

淡水神仙鱼

皇室蓝七彩神仙鱼

红绿灯鱼

红尾鲶

电光美人

鳉鱼

根据繁殖方式不同，鳉鱼可分为卵生和卵胎生鳉鱼。像孔雀鱼和月光鱼这样容易从鱼市买到、又易存活、繁殖方式简单，且卵胎生的鳉鱼，非常适合初级者喂养。

漂亮且易存活 初级者也能养好的鳉鱼

在热带地区广为分布的鳉鱼，很早之前就在日本作为一种观赏鱼而颇受人们喜爱。其中，孔雀鱼、月光鱼和剑尾鱼最受青睐，在大部分的观赏鱼店都可以看得到。它们价格便宜，购买方便。

鳉鱼受欢迎不仅是因为它华丽的色彩和优美的泳姿，还因为它易于存活。只要备好基础的配套设施，许多鳉鱼在任何一个水族箱里都能存活。所以不少人初次喂养的热带鱼就是鳉鱼。

另外，卵胎生鳉鱼的繁殖速度很快，只要雌雄混养，不久你就能看到新生的鳉鱼宝宝。

要想得到和它们的父母同样美丽的鳉鱼宝宝，就要有计划地喂养。即使是初级者，也能近距离观察到生命诞生的全过程，这也是喂养鳉鱼的魅力所在。

与卵胎生鳉鱼相比，多数卵生鳉鱼需要生活在特殊的环境里，对水温和水质的要求十分严格。所以对于初级者来说，喂养起来会有些许困难。最好在掌握了水质控制和日常保养等基础管理本领之后，再尝试喂养它们。

鳉鱼总体上体形较小，性格温和，可以和其他小型鱼类混合喂养。

不要错过鱼类繁殖带来的乐趣

养殖热带鱼不仅是为了观赏，而且要观察它们的生态变化。亲眼见证卵胎生鳉鱼的繁殖过程，你一定会为见到的生命诞生过程而感动。

孔雀鱼　（日本产）

孔雀鱼

Poecilia reticulata var.

有这么一种说法，“始也孔雀鱼，终也孔雀鱼”。的确，孔雀鱼颇受热带鱼爱好者喜爱。在喂养孔雀鱼的过程中，你会不断感受到它带给你的快乐。孔雀鱼的魅力之一就在于它美丽的体态，长而大的尾鳍，颜色鲜艳的身体，堪称艺术品。我们还能够对其进行不断改良。

它们不仅美丽，而且对水质和水温变化适应很快，就连初级者也能轻松喂养，这就使人们对它们更加喜爱。

日本产孔雀鱼种类比较单一，容易喂养。虽说价格稍贵，但适合对繁殖过程感兴趣的人。至于选择哪种，可以根据自己的兴趣决定。不过不管选择哪一种，孔雀鱼会让你享受亲手创造美丽所带来的快乐。

分布	改良品种	水温	25℃
饵料	薄片、颗粒	全长	4cm
水质	pH 为 6 左右，弱软水 ~ 弱硬水	适合对象	初级者及以上

真红眼白子霓虹礼服孔雀鱼（日本产）

红玻璃孔雀鱼（日本产）

冰蓝孔雀鱼（进口）

礼服马赛克孔雀鱼（日本产）

眼镜王蛇纹孔雀鱼（进口）

白化红尾孔雀鱼（日本产）

黑礼服孔雀鱼（进口）

火烈鸟孔雀鱼（进口）

霓虹礼服孔雀鱼（进口）

紫孔雀鱼（进口）

马赛克孔雀鱼（进口）

黄金眼镜蛇纹孔雀鱼（进口）

德系黄礼服孔雀鱼（日本产）

黑玛丽

Poecilia latipinna×Poecilia velifera

从颜色和形状来看，黑玛丽应该是金玛丽和原始玛丽的杂交品种。玛丽鱼同孔雀鱼和月光鱼相比，体形较大，繁殖次数和数量较多。

分布	改良品种	水温	25℃
饵料	薄片、颗粒	全长	8cm
水质	pH 为 6 左右，弱软水·弱硬水	适合对象	初级者及以上

银玛丽

Poecilia velifera var.

银玛丽是金玛丽的改良品种，同月光鱼一样，易存活，方便喂养且易于繁殖。银玛丽幼鱼的体形有正常体形和球形两种。雄鱼的背鳍相较于雌鱼更大，也更漂亮。

分布	改良品种	水温	25℃
饵料	薄片、颗粒	全长	5cm
水质	pH 为 6 左右，弱软水·弱硬水	适合对象	初级者及以上

金球玛丽

Poecilia latipinna×Poecilia velifera

金球玛丽是黑玛丽和银玛丽杂交生出的品种，其最引人注目的就是它独特的体形。非常方便喂养，也很受欢迎。但喂养金球玛丽时，一定要注意水质是否恶化。

分布	改良品种	水温	25℃
饵料	薄片、颗粒	全长	5cm
水质	pH 为 6 左右，弱软水·弱硬水	适合对象	初级者及以上

苹果剑鱼

Xiphophorus helleri var.

苹果剑鱼原产于中美洲地区，属卵胎生鳉鱼。雄鱼的尾鳍会随着自身的成长而变长，这恰好与它的名字相对应。苹果剑鱼有许多改良品种，日本也有许多地方在出售。

分布	改良品种	水温	25℃
饵料	薄片、颗粒	全长	8cm
水质	pH 为 6 左右，弱软水·弱硬水	适合对象	初级者及以上

红月光鱼

Xiphophorus maculatus var.

红月光鱼是初学者都非常熟悉的一种卵胎生鳉鱼。喂养和繁殖都非常简单，但要保证水族箱内的水保持新鲜，最好添加少许盐分。月光鱼除了红色之外还有很多其他颜色。

分布	改良品种	水温	25℃
饵料	薄片、颗粒	全长	4cm
水质	pH为6左右，弱软水·弱硬水	适合对象	初级者及以上

米奇鱼

Xiphophorus maculatus var.

米奇鱼是月光鱼的改良品种，因其尾部花纹形状特别像米老鼠而得名。除了右图所示颜色之外，还有红色、白色、金色等改良品种。

分布	改良品种	水温	25℃
饵料	薄片、颗粒	全长	4cm
水质	pH为6左右，弱软水·弱硬水	适合对象	初级者及以上

三色牡丹鱼

Xiphophorus variatus var.

三色牡丹鱼是剑尾鱼的改良品种，多分布于东南亚地区。同月光鱼一样，喂养方法简单。颜色与红月光鱼和米奇鱼相比，稍显厚重。

分布	改良品种	水温	25℃
饵料	薄片、颗粒	全长	5～6cm
水质	pH为6左右，弱软水·弱硬水	适合对象	初级者及以上

四眼鱼

Anableps anableps

四眼鱼的每只眼睛都分为负责看水面上的部分和负责看水中的部分，看起来像有四只眼睛，所以称之为四眼鱼。需用稀释海水来喂养。同孔雀鱼一样是卵胎生鱼。

分布	巴西	水温	26℃
饵料	颗粒、红虫	全长	20cm
水质	pH为6～7，弱硬水	适合对象	中级者及以上

蓝眼灯鱼

Aplocheilichthys normani

蓝眼灯鱼是具有代表性的卵生鳉鱼，栖息在非洲的小河与沼泽地之中。蓝眼灯鱼发光的蓝色眼睑是它最典型的特征，把它养在种有水草的水族箱里，会使水族箱更有意境。

分布	非洲中西部	水温	25℃
饵料	薄片	全长	3 cm
水质	pH 为 6 左右，弱软水	适合对象	初级者及以上

茄氏旗鳉

Aphyosemion gardneri

同漂亮宝贝鳉相比，茄氏旗鳉身体更加纤细，属于卵生鳉鱼的一种。茄氏旗鳉变异品种和改良品种在市面上也有售卖。需要根据原产地的水质或是人工改良的水质适当调节喂养时的水质。

分布	尼日利亚	水温	26℃
饵料	薄片	全长	5 cm
水质	pH 为 5~6，弱软水	适合对象	中级者及以上

漂亮宝贝鳉

Nothobranchius rachovii

在繁殖时，需要将漂亮宝贝鳉产下的卵放在产卵架上使之变得干燥。如果能够控制水质变化，就能轻松展现出漂亮宝贝鳉的美。

分布	莫桑比克	水温	26℃
饵料	薄片	全长	5 cm
水质	pH 为 5~6，弱软水	适合对象	中级者及以上

斑节鳉

Pseudoepiplatys annulatus

斑节鳉又称四环鳉，是卵生鳉鱼，体侧有黑色斑节，尾鳍颜色很漂亮。即使是在 30cm 长的水族箱，也能喂养和繁殖。不过斑节鳉难以很快适应新水质，所以要时刻注意水质变化。

分布	利比里亚	水温	24℃
饵料	薄片、颗粒	全长	5 cm
水质	pH 为 6 左右，弱硬水	适合对象	中级者及以上

脂鲤

脂鲤主要分布在南非和非洲等热带地区，种类繁多且易存活。其方便喂养，是热带鱼入门爱好者的不二之选。

种类丰富和个性化的形态是脂鲤的魅力所在

红绿灯鱼和宝莲灯鱼都是常见的养在水族箱的灯鱼，且都属于脂鲤。虽说都统称为脂鲤，但从成鱼身长仅有3～4cm长的红绿灯鱼，到身长50cm的南美牙鱼这样的大型鱼类，种类繁多，丰富多样。

脂鲤中既有群游时十分美丽的小型灯鱼，也有知名肉食鱼——红腹食人鱼，还有食鱼鱼——大暴牙鱼。它们的形态和习性都十分奇特，根据种类不同，个性化外观也不同，其外观吸引了不少狂热的爱好者。

在脂鲤中，最受欢迎的要数一直为人们所熟知的小型灯鱼了。小型灯鱼主要分布在自然风貌完好的南美洲。在亚马孙河流域至今仍然不断有新种类被发现，还有许多未知的世界等着我们去探索。

此外，多数小型灯鱼性格都较温和，可以和其他鱼类混养，也可以喂养鱼群，按照自己喜欢的方式来选择会更有趣。

红腹食人鱼虽然看上去很凶猛，但幼鱼和成鱼的色彩很鲜艳，观赏价值很高，繁殖过程也十分有趣。同时它们生性胆小，而且能够长到25cm，对于初级者来说并不容易喂养。这种主观印象和实际情况的反差，为喂养红腹食人鱼增添了一种有别于小型灯鱼的乐趣。

享受喂养十几条鱼的乐趣吧

可以说，观赏小型灯鱼的乐趣就在于鱼群中。如果条件允许，养上十几条脂鲤，你会收获更多的惊喜。

红绿灯鱼

Paracheirodon innesi

红绿灯鱼是最具代表性的热带鱼种，现在日本从中国及东南亚各国大量进口。红绿灯鱼容易喂养，但是对水质变化较敏感，在水族箱内很难繁殖。

分布	南美洲北部	水温	25℃
饵料	薄片、颗粒	全长	3～4cm
水质	pH 为 6 左右，弱软水	适合对象	初级者及以上

钻石霓虹灯鱼

Paracheirodon innesi

钻石霓虹灯鱼最大的特点就是体表有细菌共生，从而发出美丽的金光。近年来日本很少进口野生原种钻石霓虹灯鱼了，因此它也变得很罕见。

分布	南美洲北部	水温	25℃
饵料	薄片、颗粒	全长	3～4cm
水质	pH 为 6 左右，弱软水	适合对象	中级者及以上

绿莲灯鱼

Paracheirodon simulans

绿莲灯鱼和其他的灯鱼相比，体形小了一圈，属于群居鱼种。放入水族箱后需要立即喂食，一天喂食 3~5 次，每次放少量饵料即可，这样绿莲灯鱼才能在不消瘦的情况下适应水族箱生活。

分布	南美洲	水温	25℃
饵料	薄片、颗粒	全长	3cm
水质	pH 为 6 左右，弱软水	适合对象	中级者及以上

宝莲灯鱼

Paracheirodon axelrodi

虽然是具有代表性的热带鱼，但宝莲灯鱼几乎不怎么繁殖。由于对水质变化较为敏感，其繁殖起来非常困难。它们喜欢群游，适合养在水草茂密的水族箱里。

分布	巴西、哥伦比亚	水温	25℃
饵料	薄片	全长	3～4cm
水质	pH 为 5~6，弱软水	适合对象	初级者及以上

火兔灯鱼

Aphyocharax rathbuni

随着火兔灯鱼的不断成长，它的体表会逐渐显现出浅绿色，因其从腹部到尾鳍之间呈深红色而得名。虽然性格有些胆小，对水质变化也有些敏感，但喂养起来并不困难。

分布	巴拉圭	水温	25℃
饵料	薄片、颗粒	全长	5cm
水质	pH 为 6 左右，弱软水	适合对象	初级者及以上

血钻露比灯鱼

Axelrodia stigmatias

血钻露比灯鱼在进口时也叫作金点灯鱼、胡椒灯鱼，是哥伦比亚产的变种。尾巴根部带有红色或黄色的条纹，根据地域不同也会有所不同。日本主要进口黄色条纹的鱼种。

分布	巴西、秘鲁	水温	25℃
饵料	薄片、疣吻沙蚕	全长	3cm
水质	pH 为 5~6，软水	适合对象	初级者及以上

银斧鱼

Gasteropelecus sternicla

银斧鱼喜欢在近水面游泳，受到惊吓后容易跃出水面，所以要留心水族箱的盖子有没有盖好。虽然银斧鱼对水质变化有些敏感，但喂养起来并不难。

分布	圭亚那	水温	25℃
饵料	薄片	全长	5～6cm
水质	pH 为 5~6，弱软水	适合对象	初级者及以上

黑鲳鱼

Gymnocorymbus ternetzi

黑鲳鱼易存活，容易喂养。有白化、着色、长鳍等诸多改良品种。黑鲳鱼对其他鱼类的鱼鳍很感兴趣，不适合与神仙鱼等鱼类混养。

分布	南美洲北部	水温	25℃
饵料	薄片、颗粒	全长	5～6cm
水质	pH 为 6 左右，弱软水·弱硬水	适合对象	初级者及以上

迷你灯鱼

Hasemania nana

迷你灯鱼在市面上出售时又被称为银尖鱼，是常见的鱼种。适合与其他小型鱼类混养，喂养起来也很容易。迷你灯鱼长大后，所有的鱼鳍的前端都会变成白色，非常美丽。

分布	巴西	水温	25℃
饵料	薄片、颗粒	全长	4～5cm
水质	pH 为 6 左右，弱软水	适合对象	初级者及以上

红头剪刀

Hemigrammus bleheri

红头剪刀与红鼻剪刀长得很像，经常被弄混。要注意的是红鼻剪刀的黑色纵纹延伸至鱼体中央，而红头剪刀的黑色纵纹停留在尾鳍部分。红头剪刀喂养起来很容易。具有透明感的鱼儿，很适合养在水草茂密的水族箱里。

分布	巴西、哥伦比亚	水温	25℃
饵料	薄片、颗粒	全长	4～5cm
水质	pH 为 5~6，弱软水	适合对象	初级者及以上

红灯管鱼

Hemigrammus erythrozonus

红灯管鱼是一种非常普通的小型脂鲤，常见于宠物店。价格便宜且易于喂养，适合和其他鱼类混养，喜欢群游。

分布	圭亚那	水温	25℃
饵料	薄片	全长	3～4cm
水质	pH 为 6 左右，弱软水	适合对象	初级者及以上

头尾灯鱼

Hemigrammus ocellifer

头尾灯鱼喜欢较缓的水流，喜欢群聚。饵料为薄片状的混合饲料，最好选择植物成分较多的饵料。相较雌鱼，雄鱼身体更加细长。

分布	南美洲北部	水温	25℃
饵料	薄片、颗粒	全长	4～5cm
水质	pH 为 5~6，弱软水	适合对象	初级者及以上

彩丽灯鱼

Hemigrammus pulcher

彩丽灯鱼喜欢新鲜的水质，易存活。以前，巴西的鱼种和彩丽灯鱼常被认为是同类，但近年来分化形成了一个新的鱼种，学名为 Hemigrammus heraldi。不管是哪个鱼种都很容易喂养。

分布	秘鲁	水温	25℃
饵料	薄片、颗粒	全长	4～5cm
水质	pH 为 5~6，弱软水	适合对象	初级者及以上

血心灯鱼

Hyphessobrycon erthrostigma

血心灯鱼是体形较大的鱼种。成熟的雄鱼各个鱼鳍都会不断变长。易存活且不挑食，容易喂养。但对其他小型鱼类具有一定的攻击性。

分布	哥伦比亚、巴西	水温	26℃
饵料	薄片、颗粒	全长	6cm
水质	pH 为 6 左右，弱软水	适合对象	初级者及以上

黑莲灯鱼

Hyphessobrycon herbertaxelrodi

黑莲灯鱼喜欢在水族箱的中部和上部之间游动，所以最好投喂能够浮起来的饵料。黑莲灯鱼性情温和，适应性好，适合混养。

分布	巴西	水温	25℃
饵料	薄片	全长	3～4cm
水质	pH 为 6 左右，弱软水	适合对象	初级者及以上

柠檬灯鱼

Hyphessobrycon pulchripinnis

柠檬灯鱼从幼鱼成长为成鱼的过程中并没有什么特别的变化，但随着不断长大，柠檬色的鱼体会愈发鲜艳。柠檬灯鱼容易喂养，也适合同其他鱼种混养。

分布	巴西	水温	25℃
饵料	薄片、颗粒	全长	4～5cm
水质	pH 为 6 左右，弱软水	适合对象	初级者及以上

金旗

Hyphessobrycon roseus

金旗生性敏感，适合待在安静的环境，经常躲在水草间。对水质要求很高，精心喂养的话，鱼体会呈现出黄色，而尾鳍根部附近则是红色。

分布	圭亚那	水温	25℃
饵料	薄片、颗粒	全长	3cm
水质	pH 为 6 左右，弱软水	适合对象	中级者及以上

黑旗

Megalamphodus megalopterus

黑旗的鱼鳍相比自己的身体来说要大很多。黑旗美丽的体形是它的特点。在黑旗的成长过程中，它的各个鱼鳍将会不断地呈现出哑光黑色。相对来说是比较畅销的鱼种，也比较容易喂养。

分布	巴西	水温	25℃
饵料	薄片、颗粒	全长	4～5cm
水质	pH 为 5~6，弱软水	适合对象	初级者及以上

红衣梦幻旗灯鱼

Megalamphodus sweglesi

野生红衣梦幻旗灯鱼与人工养殖红衣梦幻旗灯鱼的鱼体颜色有很大的区别，一般是分开出售的。野生红衣梦幻旗灯鱼通体鲜红，十分漂亮。对水质变化稍有些敏感，但总体上来说还是很容易喂养的。

分布	哥伦比亚	水温	25℃
饵料	薄片、颗粒	全长	4～5cm
水质	pH 为 6 左右，弱软水	适合对象	初级者及以上

钻石灯鱼

Moenkhausia pittieri

同嗜吃水草的银屏灯鱼一样，作为脂鲤的钻石灯鱼也喜爱吃柔软的水草。随着钻石灯鱼的不断成长，它的全身都会呈现出金属光泽，各个鱼鳍会伸展开来，十分美丽。

分布	委内瑞拉	水温	25℃
饵料	薄片、颗粒	全长	5～6cm
水质	pH 为 6 左右，弱软水	适合对象	初级者及以上

银屏灯鱼

Moenkhausia sanctaefilomenae

银屏灯鱼在市面上常见的小型脂鲤中算是体形较大的。它性情稍有些暴躁，虽然喜欢吃混合饲料，但它也喜欢啃食植物，所以最好在水族箱里种植一些像水榕那样叶片较厚的水草。

分布	巴西、巴拉圭	水温	25℃
饵料	薄片、颗粒	全长	7 cm
水质	pH 为 6 左右，弱软水	适合对象	初级者及以上

尖嘴铅笔

Nannobrycon eques

市面上，尖嘴铅笔又称为黑笔或黑铅笔。喂养方式同三线铅笔一样，但尖嘴铅笔对水质变化较为敏感。

分布	圭亚那、巴西	水温	25℃
饵料	薄片、疣吻沙蚕	全长	5～6 cm
水质	pH 为 6 左右，弱软水	适合对象	初级者及以上

三线铅笔

Nannostomus trifasciatus

三线铅笔非常胆小，受到惊吓有可能会跃出水族箱，所以最好养在水草较多的水族箱里。一旦三线铅笔习惯了周围环境，就会像尖嘴铅笔一样，以身体向上倾斜的独特姿势游动。

分布	秘鲁	水温	25℃
饵料	薄片	全长	4 cm
水质	pH 为 6 左右，弱软水	适合对象	初级者及以上

彩虹帝王灯鱼

Nematobrycon lacortei

一般成熟雄性帝王灯鱼的尾鳍会从上部、中部、底部三个地方突出，是三叉尾，但雌性彩虹帝王灯鱼的尾鳍不从中央突出，是正常叉尾。彩虹帝王灯鱼成鱼非常美丽，但受水质影响很大。

分布	哥伦比亚	水温	25℃
饵料	薄片、颗粒	全长	5～6 cm
水质	pH 为 5~6，弱软水	适合对象	初级者及以上

帝王灯鱼

Nematobrycon palmeri

帝王灯鱼与彩虹帝王灯鱼属同类，在同样的环境下喂养即可。帝王灯鱼适应性好，喂养起来也比较容易。为了保证帝王灯鱼的美丽，时刻控制水质是非常重要的。

分布	哥伦比亚	水温	25℃
饵料	薄片、颗粒	全长	4～5cm
水质	pH 为 5~6，弱软水	适合对象	初级者及以上

红尾玻璃

Prionobrama filigera

与可爱的外表相反，红尾玻璃性情暴躁，常会欺负比自己体形小的鱼，所以混养的时候一定要格外注意。红尾玻璃对于水质变化非常敏感，喜欢新鲜的水。

分布	亚马孙河流域	水温	25℃
饵料	薄片	全长	5～6cm
水质	pH 为 7，弱硬水	适合对象	初级者及以上

玻璃彩旗

Pristella maxillaris

野生玻璃彩旗多生活在水流缓慢、水草茂密的沼泽地中，所以在喂养时最好在水族箱里种植大量的水草。玻璃彩旗易存活，容易喂养，也能够与其他小型鱼类相处融洽。

分布	圭亚那、巴西	水温	25℃
饵料	薄片、颗粒	全长	5cm
水质	pH 为 6 左右，弱硬水	适合对象	初级者及以上

黑白企鹅

Thayeria boehlkei

黑白企鹅经常以身体朝上倾斜的姿势游动，换水时会因感受到压迫感而跃出水族箱。喂养起来也比较容易，适合养在水草茂密的水族箱内。

分布	巴西、秘鲁	水温	25℃
饵料	薄片	全长	5～6cm
水质	pH 为 5~6，弱软水	适合对象	初级者及以上

红眼绿皮

Arnoldichthys spilopterus

红眼绿皮全身发光，属非洲原产脂鲤，品种非常特别。易存活，喂养起来也比较容易。和小型鱼种混养的时候可能具有攻击性，所以要多加注意。

分布	尼日利亚	水温	25℃
饵料	颗粒、红虫	全长	10～12cm
水质	pH 为 6 左右，弱软水	适合对象	初级者及以上

红铜大鳞脂鲤

Chalceus erythrurus

和腹鳍是粉色的大鳞脂鲤很像，但红铜大鳞脂鲤体形较小且腹鳍是黄色的。易存活，喂养起来也很简单。不过红铜大鳞脂鲤非常活跃且性情暴躁，建议与比它体形更大的鱼一起饲养。

分布	巴西	水温	25℃
饵料	颗粒、红虫	全长	18～20cm
水质	pH 为 6 左右，弱软水	适合对象	初级者及以上

断线脂鲤

Phenacogrammus interruptus

断线脂鲤是非洲原产脂鲤，非常受欢迎，喂养方式也简单。其在成长过程中体形会不断变大，建议和同样大小的鱼种混养。成年雄鱼的鱼鳍会逐渐下垂。

分布	刚果	水温	25℃
饵料	薄片、颗粒	全长	7～10cm
水质	pH 为 6～8，弱软水	适合对象	初级者及以上

倒吊九间

Abramites hypselonotus

倒吊九间饲养起来并不困难。其喜欢啃食水草，不宜养在水草较多的水族箱里。因其性情暴躁，在成长的过程中会变成侵略者，所以最好单独饲养。

分布	巴拉圭	水温	25℃
饵料	植物性薄片	全长	15cm
水质	pH 为 6～7，弱软水	适合对象	中级者及以上

银火箭

Ctenolucius hujeta

银火箭喜爱水温较低的环境，食鱼性脂鲤。容易饲养，但最好养在稍大一些的水族箱内，用新鲜的水饲养。另外，要注意不要喂食过多。

分布	哥伦比亚、委内瑞拉	水温	23℃
饵料	冷冻红虫、颗粒、金鱼	全长	25cm
水质	pH 为 6 左右，弱软水 ~ 弱硬水	适合对象	初级者及以上

蓝国王灯鱼

Inpaichthys kerri

蓝国王灯鱼同帝王灯鱼（第 50 页）非常相似，这两种鱼经常混在一起出售。比起雌鱼，雄鱼背上的紫色更加鲜艳。偶尔会追赶比自己体形小的鱼。

分布	巴西	水温	25℃
饵料	薄片	全长	4～5cm
水质	pH 为 6 左右，弱软水	适合对象	初级者及以上

高身银板鱼

Metynnis hypsauchen

高身银板鱼的最大特点是它的体形像一个圆硬币，是食草性鱼类，性格温和。其适应性好，易存活，不适合养在水草茂密的水族箱内。

分布	巴西	水温	25℃
饵料	植物性薄片、颗粒	全长	20cm
水质	pH 为 6 左右，弱软水	适合对象	初级者及以上

红腹食人鱼

Pygocentrus nattereri

红腹食人鱼是最具代表性的食人鱼鱼种。饲养起来不需要很多技巧，但红腹食人鱼喜欢互斗，最好单独饲养。红腹食人鱼牙齿很锋利，保养水族箱的时候要多加注意。

分布	巴西	水温	26℃
饵料	鳉鱼、红虫	全长	30cm
水质	pH 为 6 左右，弱软水	适合对象	初级者及以上

黑斑食人鱼

Pygocentrus cariba

黑斑食人鱼生活在奥里诺科河流域，饲养起来比较容易，易存活，能很快适应水质变化。饲养方面不需要特殊的技巧，但要对它尖利的下颚和牙齿多加注意。

分布	巴西	水温	25℃
饵料	金鱼、鳉鱼	全长	28cm
水质	pH 为 6 左右，弱软水	适合对象	初级者及以上

短鼻六间鱼

Distichodus sexfasciatus

与短鼻六间鱼不同，同种的长鼻六间鱼长到 30cm 左右就停止生长了。不过这两种鱼种都非常好饲养，只是性情暴躁，嗜吃水草，所以最好单独养在以流木为布局的水族箱内。

分布	刚果	水温	25℃
饵料	颗粒、红虫	全长	50cm
水质	pH 为 6 左右，弱软水	适合对象	初级者及以上

南美牙鱼

Hoplias malabaricus

南美牙鱼在美国被称为狼鱼。正如它的名字一样，南美牙鱼拥有锋利的牙齿和有力的下颚，饲养时一定要多加注意。南美牙鱼属于夜行性鱼种，白天的时候经常躲在水草的阴影处，容易饲养。

分布	南美洲	水温	27℃
饵料	鳉鱼、金鱼	全长	50cm
水质	pH 为 6 左右，弱软水～弱硬水	适合对象	中级者及以上

大暴牙鱼

Hydrolycus scomberoides

大暴牙鱼的英文名字叫作 vampire characin，其拥有锋利的牙齿，是食鱼性脂鲤。据说它的体长能够超过 1m，虽然并不确定是否如此，但最好还是养在长度超过 150cm 的水族箱里。

分布	巴西	水温	25℃
饵料	金鱼、鳉鱼	全长	30cm
水质	pH 为 6 左右，弱软水	适合对象	中级者及以上

丽鱼

淡水神仙鱼和七彩神仙鱼等都是富有个性且独具魅力的丽鱼。作为市面常见的鱼种，不少人都是因为欣赏它们的美丽才开始饲养的。

令人惊叹的美丽与独具一格的繁殖方式

丽鱼主要分布在南美洲中部和非洲地区。淡水神仙鱼和七彩神仙鱼等鱼种可以说是热带鱼中的“王者”，很早以前就已经是水族箱的常客了。

丽鱼最引人瞩目的就是它们美丽的外形了，圆鼓鼓的七彩神仙鱼和略显臃肿的地图鱼都十分好看。

此外，作为水族箱的常客，淡水神仙鱼和色彩美丽的金松鼠、荷兰凤凰鱼等鱼种拥有令人印象深刻的美丽外形，对于初级者可谓魅力十足的鱼类了。

此种鱼类的繁殖方式也非常耐人寻味。如果已经能够熟练进行喂养了，务必不要错过它们的繁殖过程。根据种类的不同，繁殖起来并不困难的鱼种也有很多。丽鱼繁殖时并不只是机械地产卵，雄鱼和雌鱼会时刻保护着鱼卵和幼鱼，以防它们受到外敌的伤害。这样的亲子情谊，可谓令人动容的珍贵画面了。

七彩神仙鱼幼鱼以母鱼分泌出的一种牛奶状的“乳汁”为食，它们围绕在母亲身边进食的画面十分有趣。此外，还可以观察到将鱼卵和幼鱼衔在嘴里孵育的口育鱼，以及斑马雀鱼是如何进行独特的繁殖活动的。

地图鱼与人很亲近，长期饲养的话会认主，能够区分自己的主人和其他人。地图鱼体长可以达到 30cm，存在感很强。和其他鱼种不同，地图鱼似乎就像是真正的宠物。

一起来观察幼鱼的孵育吧

具有个性化外表的丽鱼，其孵育幼鱼的方式也是五花八门。近距离观察它们充满爱意的孵育方式，可以说是非常有趣的一件事了。

淡水神仙鱼

Pterophyllum scalare

淡水神仙鱼是知名度很高的热带鱼鱼种，一直以来其人气从未衰减过。通常我们看到的多是东南亚养殖的品种。秘鲁进口的野生品种对水质有些敏感。

分布	秘鲁、厄瓜多尔	水温	25℃
饵料	薄片、颗粒	全长	13cm
水质	pH 为 6 左右，弱软水	适合对象	初级者及以上

大理石神仙鱼

Pterophyllum scalare var.

大理石神仙鱼是淡水神仙鱼的变种，喂养方法和淡水神仙鱼一样。其对水质变化很敏感，不过喂养起来很容易，也能够在水族箱内进行繁殖活动。大理石神仙鱼经常把鱼卵产在皇冠草这种叶片较大的水草上。

分布	改良品种	水温	25℃
饵料	薄片、颗粒	全长	13cm
水质	pH 为 6 左右，弱软水	适合对象	初级者及以上

金头神仙鱼

Pterophyllum scalare var.

金头神仙鱼是淡水神仙鱼的改良品种，因为拥有长长的鱼鳍而又被称为“长尾神仙鱼”。参差不齐的鱼鳞被叫作“钻石”，而透明可见的鱼鳞则被称为“玻璃”。

分布	改良品种	水温	25℃
饵料	薄片、颗粒	全长	13cm
水质	pH 为 6 左右，弱软水	适合对象	初级者及以上

埃及神仙鱼

Pterophyllum altum

除部分养殖外，埃及神仙鱼都是野生的。其对水质变化非常敏感，喂养初期需要格外注意及时调节水质。最好养在高大于 45cm 的水族箱里，但埃及神仙鱼很难在水族箱内繁殖。

分布	哥伦比亚、委内瑞拉	水温	24℃
饵料	薄片、颗粒	全长	15cm
水质	pH 为 5～6，软水	适合对象	高级者

皇室蓝七彩神仙鱼

Symphisodon aequifasciatus

包括皇室蓝七彩神仙鱼在内的七彩神仙鱼对水质变化都非常敏感，水质调节不好的话就很难欣赏到它们原本的美丽。购入时最好确认一下采集地的水质和现在所需的水质，以确定饲养时需要何种水质。

分布	巴西	水温	25℃
饵料	颗粒、疣吻沙蚕	全长	18cm
水质	pH 为 5～6，弱软水	适合对象	中级者及以上

皇室绿七彩神仙鱼

Symphisodon aequifasciatus

作为有许多改良品种的七彩神仙鱼的原型，皇室绿七彩神仙鱼属于地区性变异的一个鱼种。虽然都是从南美洲进口的，但根据个体的不同，颜色也有所不同。一般根据美丽程度来定价。

分布	秘鲁、巴西	水温	25℃
饵料	颗粒、疣吻沙蚕	全长	18cm
水质	pH 为 5～6，弱软水	适合对象	中级者及以上

蓝钻七彩神仙鱼

Symphisodon aequifasciatus var

蓝钻七彩神仙鱼是七彩神仙鱼的改良品种，通称“一片蓝”。蓝钻七彩神仙鱼通体皆为蓝色，正是人们长年所追求的改良品种。蓝钻七彩神仙鱼可以说是改良较成功的品种，其对水质变化不那么敏感，饲养起来比较容易。

分布	改良品种	水温	27℃
饵料	颗粒、疣吻沙蚕	全长	18cm
水质	pH 为 6 左右，弱软水	适合对象	中级者及以上

蛇纹七彩神仙鱼

Symphisodon aequifasciatus var

蛇纹七彩神仙鱼是七彩神仙鱼的改良品种。此种鱼以橙色为底色，蓝色为主要的基调色，与其他的七彩神仙鱼相比更为突出。可以在水族箱内繁殖，但需要使用专门的陶制产卵塔。

分布	改良品种	水温	27℃
饵料	颗粒、疣吻沙蚕	全长	18cm
水质	pH 为 6 左右，弱软水	适合对象	中级者及以上

阿卡西短鲷

Apistogramma agassizii var.

现在市面常见的阿卡西短鲷都是欧洲改良品种。阿卡西短鲷是非常美丽的小型丽鱼，喜欢软水，但并不总是如此，可根据实际情况调节水质。

分布	巴西	水温	25℃
饵料	薄片、颗粒	全长	5～6cm
水质	pH 为 5～6，软水	适合对象	中级者及以上

凤尾短鲷

Apistogramma cacatuoides

背鳍前部生有软条是凤尾短鲷的最大特点，饲养得当的话会非常美丽。欧洲等地繁殖有大量的凤尾短鲷改良品种。比起野生凤尾短鲷，人工繁殖的凤尾短鲷更容易饲养。

分布	秘鲁、巴西	水温	25℃
饵料	薄片、颗粒	全长	5.5cm
水质	pH 为 6～7，弱软水	适合对象	初级者及以上

三线短鲷

Apistogramma trifasciata

成熟雄鱼体侧呈蓝色金属光泽。野生三线短鲷多从巴西进口，但根据季节的不同，进口量也有所不同。其对水质变化较为敏感，最好让水质保持在软水状态。

分布	南美洲	水温	25℃
饵料	薄片、颗粒	全长	4～5cm
水质	pH 为 6，软水	适合对象	初级者及以上

荷兰凤凰鱼

Papiliochromis ramirezi

常见的荷兰凤凰鱼都是东南亚的养殖品种，而欧洲改良品种的色彩和体形都要更漂亮一些。饲养起来比较容易，适合混养，也能在水族箱内进行繁殖。

分布	委内瑞拉	水温	25℃
饵料	薄片、颗粒	全长	4～5cm
水质	pH 为 5～6，弱软水	适合对象	初级者及以上

画眉鱼

Mesonauta festivus

画眉鱼可以说是淡水神仙鱼的近亲，长期以来一直为人们所喜爱。易存活，初级者也能饲养。但是画眉鱼会吃掉小型的脂鲤或是鳉鱼，因此要多加注意。

分布	南美洲	水温	26℃
饵料	薄片、颗粒	全长	9cm
水质	pH 为 6～8，软水	适合对象	初级者及以上

金钱豹鱼

Herichtys cyanoguttatus

金钱豹鱼是栖息在中美洲的具有代表性的丽鱼，饲养方法简单。不过金钱豹鱼食欲旺盛，具有食鱼性，喜欢划定自己的势力范围，所以无论是同种还是异种都不适合混养。

分布	美国南部、墨西哥	水温	26℃
饵料	颗粒、鳉鱼	全长	20cm
水质	pH 为 6～8，弱硬水	适合对象	中级者及以上

珍珠豹鱼

Cichlasoma octfasciatus

19 世纪 20 年代，珍珠豹鱼被冠以“拳击冠军”的称号。正如这个名字一样，珍珠豹鱼非常喜欢划分自己的势力范围，所以不适合混养。成熟的珍珠豹鱼非常美丽，易存活且容易饲养。

分布	墨西哥、洪都拉斯	水温	26℃
饵料	颗粒、鳉鱼	全长	25cm
水质	pH 为 6～8，弱硬水	适合对象	初级者及以上

地图鱼

Astronotus ocellatus

地图鱼的养殖在东南亚颇为盛行，既有色彩各异的，也有纯白色的。地图鱼具有较强的食鱼性，所以如果要混养，最好和比它体形大的鱼放在一起。

分布	南美洲北部	水温	26℃
饵料	颗粒、鳉鱼	全长	50cm
水质	pH 为 6 左右，弱软水	适合对象	初级者及以上

眼斑鲷

Cichla ocellaris

眼斑鲷具有很强的食鱼性，适应性较差，混养的话最好选择大型的骨舌鱼或鲶科鱼。眼斑鲷非常健壮，饲养起来比较容易，但是在幼鱼期间容易消瘦，所以一定要注意及时投食。

分布	南美洲北部	水温	26℃
饵料	鳉鱼、金鱼	全长	80cm
水质	pH 为 6 左右，弱软水	适合对象	初级者及以上

菠萝鱼

Heros(Cichlasoma) severus

菠萝鱼在中型丽鱼中算是比较温和的，饲养起来比较容易，但最好避免与小型鱼种混养。现在市面上常见的都是东南亚的养殖品种，对水质的要求并不高。

分布	南美洲北部	水温	25℃
饵料	薄片、颗粒	全长	20cm
水质	pH 为 6 左右，弱软水	适合对象	初级者及以上

金菠萝鱼

Heros(Cichlasoma) severus var.

金菠萝鱼是菠萝鱼的白化种，饲养方法同菠萝鱼一样。它比起原种菠萝鱼更有人气，在热带鱼商店中很常见。

分布	改良品种	水温	25℃
饵料	薄片、颗粒	全长	20cm
水质	pH 为 6 左右，弱软水	适合对象	初级者及以上

罗汉鱼

杂交改良品种

罗汉鱼是人工交配的改良品种，饲养起来比较容易，但是最好单独饲养。毫无疑问，头顶的瘤状物是它最突出的特征。

分布	改良品种	水温	26℃
饵料	薄片、颗粒	全长	30cm
水质	pH 为 6 左右，弱软水～弱硬水	适合对象	初级者及以上

红鹦鹉鱼

杂交改良品种

红鹦鹉鱼是在红魔鬼和紫红火口鱼杂交的基础上，经过不断地改良所形成的鱼种。它看上去有点像金鱼，对于初级者来说也很容易饲养。

分布	改良品种	水温	26℃
饵料	薄片、颗粒	全长	20cm
水质	pH 为 6 左右，弱软水～弱硬水	适合对象	初级者及以上

弗氏鬼丽鱼（阿里）

Sciaenochromis fryeri

原产于非洲的代表性丽鱼种，鱼体呈金属蓝色光泽，非常美丽。养殖出售的阿里鱼很便宜，但无法长得像天然野生种一样美丽。

分布	马拉维湖	水温	25℃
饵料	薄片、颗粒	全长	18cm
水质	pH 为 7～8，弱硬水	适合对象	初级者及以上

金松鼠

Aulonocara baenschi

市面上常见的金松鼠都是东南亚的养殖鱼种。和非洲丽鱼一样，金松鼠饲养在碱性水质中会增强氨气的毒性，所以需要很强的过滤装置。

分布	马拉维湖	水温	25℃
饵料	薄片、颗粒	全长	18cm
水质	pH 为 7～8，弱硬水	适合对象	初级者及以上

蓝茉莉

Cyrtocara moorii

随着蓝茉莉的不断成长，它的额头会不断变得饱满，直至向前突出，是一种非常奇特的非洲丽鱼。蓝茉莉易存活，且容易饲养，也能在水族箱内进行繁殖。不过繁殖时要把它放在稍大的水族箱中，并且要平铺好一些薄石块。雄鱼会把鱼卵放在口中保护。

分布	马拉维湖	水温	25℃
饵料	薄片、颗粒	全长	20cm
水质	pH 为 7～8，弱硬水	适合对象	初级者及以上

马面鱼

Dimidiochromis compressiceps

马面鱼是原产于马拉维湖的丽鱼中食鱼性较强的一个品种。虽然饲养方法简单，但混养时一定要多加注意。一般来说，这种丽鱼对于自己领地的占有欲极强，雌雄鱼配对之后会表现得更为明显。

分布	马拉维湖	水温	25℃
饵料	薄片、颗粒	全长	25cm
水质	pH 为 7～8，弱硬水	适合对象	初级者及以上

斑马雀鱼

Pseudotropheus lombardoi

斑马雀鱼是最容易买到的非洲丽鱼之一，价格也十分便宜。幼鱼鱼体呈蓝色，但雄鱼成年后鱼体就会变成美丽的金黄色。其体格较为健壮，饲养方法简单。

分布	马拉维湖	水温	25℃
饵料	薄片、颗粒	全长	10cm
水质	pH 为 7～8，弱硬水	适合对象	初级者及以上

布隆迪六间鱼

Cyphotilapia frontosa

布隆迪六间鱼是坦噶尼喀湖原产丽鱼中体形最大的鱼种。市面上常售的是 3~10cm 的幼鱼，但最好放在长 90cm 以上的水族箱内饲养，饲养方法简单，但其性情暴躁。

分布	坦桑尼亚	水温	25℃
饵料	薄片、颗粒	全长	30cm
水质	pH 为 7～8，弱硬水	适合对象	初级者及以上

棋盘凤凰

Julidochromis marlieri

棋盘凤凰是体形细长的小型丽鱼，喜欢在水族箱底层活动，易于饲养。准备 60cm 长的水族箱即可供其繁殖。棋盘凤凰产卵和孵育幼鱼都在岩石背阴处进行。

分布	坦桑尼亚	水温	25℃
饵料	薄片、颗粒	全长	10cm
水质	pH 为 7～8，弱硬水	适合对象	中级者及以上

布氏新亮丽鲷

Neolamprologus brichardi

布氏新亮丽鲷是生活在非洲坦噶尼喀湖的小型丽鱼种，喜好碱性水质。各国都有大量繁殖，价格较便宜，但地区变种相对较贵。

分布	坦桑尼亚	水温	25℃
饵料	薄片、颗粒	全长	8cm
水质	pH 为 7～8，弱硬水	适合对象	中级者及以上

红肚凤凰

Pelvicachromis pulcher

红肚凤凰是生活在非洲河流中的小型丽鱼。如果在水族箱内布置水榕之类的水草，可以再现非洲水系的风貌。红肚凤凰可以在小型的水族箱内饲养，繁殖起来也并不困难。

分布	尼日利亚	水温	25℃
饵料	薄片、颗粒	全长	10cm
水质	pH 为 5～6，弱软水	适合对象	中级者及以上

托氏变色丽鱼

Anomalochromis thomasi

就像生活在南美洲的短鲷一样，水流缓慢的非洲河流是托氏变色丽鱼喜好的栖息之所。日本常进口的是东南亚的繁殖品种。作为小型丽鱼，其体格健壮，饲养方法简单。

分布	塞拉利昂	水温	25℃
饵料	薄片、颗粒	全长	6～8cm
水质	pH 为 5～6，弱软水	适合对象	初级者及以上

斑副热鲷

Etroplus maculatus

斑副热鲷是栖息在非洲、北美、中美以及南美以外区域的丽鱼种。因为其生态形式与生活在海里的雀鲷非常相似，故斑副热鲷也被戏称为“川雀鲷”。

分布	印度、斯里兰卡	水温	25℃
饵料	薄片、颗粒	全长	12cm
水质	pH 为 6 左右，弱软水～弱硬水	适合对象	初级者及以上

攀鲈

攀鲈是热带鱼中拥有不同于其他鱼种的罕见生态形式最多的鱼类。在饲养的过程中，不仅它的美丽外貌十分吸引人，其独特的繁殖活动也非常值得观察。

不同于其他鱼种的独特生态形式

攀鲈主要分布在东南亚以及非洲等热带地区，最大的特点就在于它那独特的辅助呼吸器官。这被称作“迷宫器官”（迷路囊）的辅助呼吸器官，可以帮助它们吸入氧气并将其储存在体内。因此，即使水中氧气不足，攀鲈也不会缺氧。

攀鲈的繁殖方式大致可分为两种，因为非常独特而显得十分有趣。

第一种是丝足鱼和搏鱼所采取的繁殖方式，称作“筑巢”。雄鱼口吐泡泡形成泡巢后，雌鱼就在泡巢中进行产卵和孵化活动。

另一种则是口育繁殖。雄鱼将雌鱼产出的受精卵含入口中孵化，直到幼鱼出生。

不管是哪种繁殖方法，一旦进入繁殖期，幼鱼从孵化出来到可以自由游动，都能看到雄鱼忙碌的身影。如果决定买攀鲈，一定要成对购入，以便观察这种独特的繁殖方式。

搏鱼又被称作斗鱼，喜好争斗。如果将雄鱼放在一起饲养、会发生激烈的冲突，所以一定要单独饲养。

不过，除了斗鱼之外，攀鲈还有不少性情温和的鱼种，可以进行混养。

攀鲈中最受欢迎的是丝足鱼。丝足鱼外形美丽，饲养方法和繁殖方式都很简单，其适应能力也很强，非常适合初级者。

成对饲养，获取繁殖过程的观察乐趣吧

要想欣赏攀鲈罕见的繁殖活动，一定要成对饲养。

泰国斗鱼

Betta splendens var

普通泰国斗鱼甚至可以养在稍大的玻璃杯中。随着品种不断改良，泰国斗鱼的颜色与形态也越来越丰富。根据美丽程度，价格也有所不同。如果能买到一对情投意合的斗鱼，那对于初级者来说，繁殖也不成问题。

分布	改良品种	水温	26℃
饵料	颗粒、红虫	全长	7cm
水质	pH 为 6 左右，弱软水	适合对象	初级者及以上

展示级斗鱼

Betta splendens var

展示级斗鱼是为了在斗鱼比赛中显得更好看而改良的品种。其全身的鱼鳍都呈舒展状态，十分美丽，形状宛如绽放的鲜花。

分布	改良品种	水温	25℃
饵料	颗粒、红虫	全长	7cm
水质	pH 为 6 左右，弱软水	适合对象	中级者及以上

五彩丽丽鱼

Colisa lalia

五彩丽丽鱼一般成对出售，雌雄的体色差异很大，很容易分辨。虽然常常会被擦伤，但五彩丽丽鱼食量较大，易于饲养。包括本种在内的所有攀鲈都喜好较缓慢的水流。

分布	印度、东南亚	水温	25℃
饵料	薄片、疣吻沙蚕、红虫	全长	8cm
水质	pH 为 6 左右，弱软水	适合对象	初级者及以上

五彩蓝丽丽鱼

Colisa lalia var

五彩蓝丽丽鱼是五彩丽丽鱼的改良品种，饲养方法是一样的。可以在水族箱内繁殖，但要精心控制水面波纹和水流。如果水草能够浮起来，雄鱼就可以做泡巢。从产卵到孵化都可以看到雄鱼守护自己宝宝的身影。

分布	改良品种	水温	25℃
饵料	薄片、疣吻沙蚕、红虫	全长	8cm
水质	pH 为 6 左右，弱软水	适合对象	初级者及以上

红丽丽鱼

Colisa lalia var

和五彩蓝丽丽鱼一样，红丽丽鱼是五彩丽丽鱼的改良品种，饲养方法也相同。除了本种之外，还有整个鱼体呈金属蓝色的改良品种。

分布	改良品种	水温	25℃
饵料	薄片、疣吻沙蚕、红虫	全长	8cm
水质	pH 为 6 左右，弱软水	适合对象	初级者及以上

接吻鱼

Helostoma temminckii var

接吻鱼不仅喜欢亲吻同伴，还喜欢亲吻水草和石块。这是接吻鱼最广为人知的习性，它有时会用这个习性去吓唬其他鱼类。其性格略有些暴躁，但饲养方法简单。

分布	泰国、印度尼西亚	水温	25℃
饵料	颗粒、红虫	全长	30cm
水质	pH 为 6 左右，弱软水	适合对象	初级者及以上

古代战船

Osphronemus laticlavius

古代战船是超大型攀鲈，生活在大河川的淤塞处。其体格健壮，容易饲养，会吃混合饲料、昆虫、水草、小鱼等。由于其成长速度较快，最好一开始就备好大水族箱。

分布	泰国、印度尼西亚	水温	25℃
饵料	颗粒	全长	70cm
水质	pH 为 6 左右，弱软水	适合对象	初级者及以上

巧克力飞船

Spaerichthys osphromenoides

巧克力飞船是商店中常见的鱼种，它对水质变化比较敏感，尤其偏好软水。根据需要可使用水质调节剂。投喂疣吻沙蚕最好频繁一些。

分布	印度尼西亚、马来西亚	水温	26℃
饵料	薄片、疣吻沙蚕	全长	6cm
水质	pH 为 5 ～ 6，软水	适合对象	初级者及以上

珍珠马甲

Trichogaster leeri

如果饲养在适宜的环境里，珍珠马甲的体侧就会出现无数个珍珠状的斑点，非常美丽。成熟雄鱼的鱼鳍呈梳子状向外伸展，所以非常容易分辨。珍珠马甲是很受欢迎、也很容易饲养的鱼种。

分布	马来西亚、印度尼西亚、泰国	水温	25℃
饵料	薄片、疣吻沙蚕、红虫	全长	12cm
水质	pH 为 6 左右，弱软水	适合对象	初级者及以上

大理石曼龙

Trichogaster trichopterus var.

包括本种在内的黄曼龙鱼等鱼种都是三星曼龙的改良品种。其体格健壮，饲养方法简单，适合初级者。它在当地被制成咸鱼或鱼干，是重要的食用鱼。

分布	改良品种	水温	25℃
饵料	薄片、疣吻沙蚕、红虫	全长	15cm
水质	pH 为 6 左右，弱软水	适合对象	初级者及以上

金丽丽鱼

Colisa sota var.

金丽丽鱼属于攀鲈，喜欢在水族箱内欢快地游来游去，让人很放心。金丽丽鱼大多性格温和，体格健壮，但人们常常会买到较瘦小的金丽丽鱼，所以最好精心投喂饵料。

分布	改良品种	水温	25℃
饵料	薄片、疣吻沙蚕、红虫	全长	4cm
水质	pH 为 6 左右，弱软水	适合对象	初级者及以上

珍珠丽丽鱼

Trichopsis schalleri

为小型攀鲈，鱼体在成长过程中会不断出现小的蓝色斑纹，非常美丽。在自然条件下，珍珠丽丽鱼多生活在沼泽、湿地中。其对水质变化很敏感，购入时要注意。

分布	泰国	水温	25℃
饵料	薄片、疣吻沙蚕	全长	5cm
水质	pH 为 6 左右，弱软水	适合对象	初级者及以上

攀木鱼

Anabas testudineus

攀木鱼体格健壮，易于饲养。不过有趣的是，与它的名字相反，它并不会攀爬树木。攀木鱼有一个很独特的习性——因为可以从空气中直接获取氧气，所以在干旱季节，它常常会花费几天或是数个星期的时间在陆地上活动。

分布	印度、中国	水温	25℃
饵料	粒状饵料、红虫	全长	25cm
水质	pH 为 6 左右，弱软水	适合对象	初级者及以上

梭头鲈

Luciocephalus pulcher

梭头鲈是在攀鲈中比较特殊的品种，常让人误认为是鳄雀鳝。梭头鲈具有食鱼性，会迅速伏击小鱼。其进口量很少，对水质的变化也比较敏感，饲养时需要一些技巧。

分布	马来西亚	水温	25℃左右
饵料	鳉鱼	全长	17cm
水质	pH 为 6～7，弱软水	适合对象	中级者及以上

七彩雷龙鱼

Channa bleheri

七彩雷龙鱼在蛇头鱼当中算比较小型的鱼了，细长的体形使其格外有魅力。七彩雷龙鱼对水质变化较为敏感，饲养时最好对水进行充分的过滤。基本上可以和小型鱼种之外的鱼混养。如果仅饲养七彩雷龙鱼，选择 30cm 长的水族箱即可。

分布	印度	水温	25℃
饵料	红虫、鳉鱼	全长	15cm
水质	pH 为 6 左右，弱软水	适合对象	初级者及以上

七彩海象

Channa pleurophthalma

在成长过程中，七彩海象体侧的斑纹边缘会逐渐呈现出橘黄色，而整个鱼体呈现淡金属蓝的美丽颜色。七彩海象经常会吃一些小型的鱼，所以很难和小型鱼种混养。其体格健壮，饲养方法简单。

分布	印度尼西亚	水温	25℃
饵料	金鱼、鳉鱼	全长	40cm
水质	pH 为 6 左右，弱软水	适合对象	初级者及以上

鲤科和鳅科

鲫鱼等鲤科鱼自古以来就作为观赏鱼而为日本人所熟知。它们颇受欢迎，体格健壮，繁殖也很简单，其中就有许多适合初级者饲养的鱼种。

独特的外形与使雄鱼魅力十足的婚姻色

鲤科同脂鲤和丽鱼一样，都是十分常见且有人气的鱼种。

对于日本人来说，鲤科鱼应当是最熟悉的鱼吧。

说起鲤科鱼，最先让人想起的应该是金鱼了吧。不少人是因为把在捞金鱼游戏中捞到的金鱼带回家，才开始走上热带鱼养殖之路的。

鲤科鱼主要生活在东南亚地区，总的来说体格都十分健壮，易于饲养，常作为入门鱼被介绍给初级者。

唐鱼尤其如此，这种鱼从严格意义上说是生活在温带和亚热带之间的。但由于它对低温的适应能力强，所以即便没有特殊的工具也能在其他地方饲养。

唐鱼可以说是比饲养金鱼还要简单。所以如果对于饲养热带鱼没有自信，不妨试试从养唐鱼开始。

很早以前就为人们所熟知的波鱼有很多种类。喂养得越好，它的体色就越有光泽，所以在饲养过程中要多下些功夫。

另外，鲤科鱼还有一个特征，那就是进入繁殖期时，雄鱼在追逐雌鱼的过程中体色会不断发生变化。这种被称作“婚姻色”的体色变化十分美丽。建议养 10 条鱼，以便仔细观察它们的繁殖过程。

同属鲤形目的鳅科鱼，常被作为水族箱的清洁工饲养。娇嗔、可爱的样子和美丽的颜色使其备受欢迎，甚至成了水族箱里的吉祥物。不过，鳅科有刨沙的习惯，不适合养在种有水草的水族箱里。

根据自己的能力选择鱼种

鲤科鱼作为初级者的入门鱼，如果能得到很好的照顾，就会变得越来越美丽。根据自己的能力来选择，会发现不同的乐趣。

加蓬火焰鲫

Barbus jae

加蓬火焰鲫是非洲原产鲤科的经典品种，进货市场不稳定，不容易买到。本种较亚洲品种来说更加美丽，适应性也极强。虽然对水质变化比较敏感，但饲养方法还是比较简单的。

分布	刚果、喀麦隆	水温	25℃
饵料	薄片、颗粒	全长	4cm
水质	pH 为 5～6，软水	适合对象	中级者及以上

蚂蚁灯鱼

Boraras urophthalmoides

蚂蚁灯鱼从前是 Rasbora（波鱼）属的，近年被归为 Boraras（泰波鱼）属。其对水质稍有些敏感，所以要注意购买时的水质，并及时换水。蚂蚁灯鱼性格温和，饲养方法简单。

分布	泰国	水温	25℃
饵料	薄片、丰年虾	全长	3cm
水质	pH 为 6 左右，弱软水	适合对象	初级者及以上

珍珠斑马

Brachydanio albolineatus

珍珠斑马偏好在近水面群游。饲养方法简单，初级者可以在小型水族箱内饲养。随着珍珠斑马的不断成长，其体表会不断呈现出珍珠光泽，与水草和水族箱交相辉映。

分布	东南亚	水温	25℃
饵料	薄片	全长	6cm
水质	pH 为 6 左右，弱软水	适合对象	初级者及以上

斑马鱼

Brachydanio rerio

斑马鱼是性情温和的小型鲤科鱼，广泛分布在巴基斯坦和缅甸等地。从养殖业者手中脱离出来的一部分个体生活在哥伦比亚。饲养方法简单，适合初级者。

分布	巴基斯坦、印度、缅甸	水温	25℃
饵料	薄片	全长	5cm
水质	pH 为 6 左右，弱软水	适合对象	初级者及以上

豹纹斑马

Brachydanio rerio (frankei)

豹纹斑马据说是斑马鱼的改良品种，但真假如何尚不可知。豹纹斑马同斑马鱼一样，饲养方法很简单，小型水族箱就足够了。有长鳍变种。

分布	不明	水温	25℃
饵料	薄片	全长	5cm
水质	pH 为 6 左右，弱软水	适合对象	初级者及以上

蓝色霓虹灯鱼

Microrasbora sp. (kubotai)

蓝色霓虹灯鱼是近年日本开始进口的小型鲤科鱼。其身体呈半透明，成鱼体侧有蓝色金属光泽。偏好较新鲜的水质，常有因水质恶化而生病的情况。

分布	泰国	水温	25℃
饵料	薄片、疣吻沙蚕	全长	3cm
水质	pH 为 5～6，弱软水	适合对象	中级者及以上

侧条无须魮

Puntius lateristriga

侧条无须魮生活在山间清流中，常见于瀑布等水流落差大的地方。体格健壮，饲养方法也很简单。好动、精力旺盛，最好在较大的水族箱中饲养。

分布	马来西亚、印度尼西亚	水温	25℃
饵料	薄片、颗粒	全长	18ccm
水质	pH 为 6 左右，弱软水	适合对象	初级者及以上

金条鱼

Puntius sachsi

金条鱼的体格非常健壮，对于初级者来说，即使放在小型水族箱内饲养都可以。其体侧的黑色斑纹随机分布，个体之间有很大的差异。另外，金条鱼性格较为温和，可以和其他的小型鱼种混养。

分布	马来西亚	水温	26℃
饵料	薄片、颗粒	全长	8cm
水质	pH 为 6 左右，弱软水	适合对象	初级者及以上

虹带斑马

Danio choprai

虹带斑马经常在水族箱里游来游去，让人怎么看都不厌倦。本种体色很美，体格也很健壮，购入之后立刻就能喂食。适应水族箱之后，虹带斑马体表的橙色会愈发明显，变得更加魅力十足。

分布	东南亚	水温	25℃
饵料	薄片	全长	4cm
水质	pH 为 6 左右，弱软水	适合对象	初级者及以上

彩虹鲫（奥德赛）

Puntius sp.

本种虽被认定为改良品种，但也没有具体定论。“奥德赛”这一名称也不知是由人名还是地名转换而来的。彩虹鲫饲养方法简单，但其性情稍有些暴躁，最好不要和比它体形小的鱼混养。

分布	不明	水温	25℃
饵料	薄片、颗粒	全长	5cm
水质	pH 为 6 左右，弱软水	适合对象	初级者及以上

虎皮鱼

Puntius tetrazona

虎皮鱼是非常普通的热带鱼，性格稍有些暴躁。混养的时候经常欺负其他小型鱼，所以要格外注意。饲养方法简单，对水质和饵料要求较高。

分布	印度尼西亚	水温	25℃
饵料	薄片	全长	5cm
水质	pH 为 6 左右，弱软水	适合对象	初级者及以上

绿虎皮鱼

Puntius tetrazona var.

绿虎皮鱼是虎皮鱼的改良品种，饲养方法也与其相同。绿虎皮鱼喜欢欺负有长垂鱼鳍的鱼，所以注意不要和孔雀鱼及神仙鱼混养。

分布	改良品种	水温	25℃
饵料	薄片	全长	5cm
水质	pH 为 6 左右，弱软水	适合对象	初级者及以上

白化虎皮鱼

Puntius tetrazona var.

白化虎皮鱼也是虎皮鱼的改良品种，饲养方法同虎皮鱼一样。其偏好群居，最好饲养多条。可以养在小型水族箱里，但要注意不要让白化虎皮鱼吃掉较为柔软的水草。

分布	改良品种	水温	25℃
饵料	薄片	全长	5cm
水质	pH 为 6 左右，弱软水	适合对象	初级者及以上

红玫瑰鱼

Puntius titteya

红玫瑰鱼是在东南亚一带大量养殖的普通鱼种。原产地是斯里兰卡，但由于过度捕捞导致其数量骤减。饲养方法简单，在小型水族箱内就可以饲养。

分布	斯里兰卡	水温	26℃
饵料	薄片	全长	4cm
水质	pH 为 6 左右，弱软水	适合对象	初级者及以上

钻石红莲灯鱼

Rasbora axelrodi var.“BLUE”

钻石红莲灯鱼在鲤科鱼中属于超小型的鱼种，非常美丽。在欧洲也能进行繁殖，改良后出现了不少彩色品种。钻石红莲灯鱼对水质较为敏感，最好饲养在水草较为茂盛的水族箱内。

分布	改良品种	水温	25℃
饵料	薄片、疣吻沙蚕	全长	2cm
水质	pH 为 5～6，弱软水	适合对象	初级者及以上

红尾波鱼

Rasbora borapetensis

红尾波鱼是比较常见的鱼种。对于初级者来说，即使放在小型水族箱内饲养也完全可行。其偏好软水，最好提前准备好水草较为茂盛的水族箱，造景完成后放置一星期再放入红尾波鱼。

分布	马来西亚	水温	25℃
饵料	薄片	全长	5cm
水质	pH 为 6 左右，软水	适合对象	初级者及以上

背点波鱼

Rasbora dorsiocellata

背点波鱼虽然不太漂亮，但若是养在有茎类水草茂盛的水族箱里，倒是相得益彰。背点波鱼是日本进口数量最多，也是很常见的一种鱼，适合养在小型的水族箱内。其对水质变化稍有些敏感。

分布	马来西亚、印度尼西亚	水温	25℃
饵料	薄片	全长	4cm
水质	pH 为 6 左右，弱软水	适合对象	初级者及以上

蓝三角

Rasbora heteromorpha

蓝三角又被称作“三角灯”，是市场上常见的一种热带鱼，有蓝色和金黄色的改良品种。饲养方法简单，和其他小型鱼种也很合得来。

分布	泰国、印度尼西亚	水温	25℃
饵料	薄片	全长	5cm
水质	pH 为 6 左右，弱软水	适合对象	初级者及以上

埃氏三角波鱼

Trigonostigma espei

埃氏三角波鱼是喜欢群居的鱼，最好同时饲养多条。其体格健壮，性格温和，和其他的鱼类也很合得来。水质得当的话，埃氏三角波鱼体表的橙色会愈发鲜艳，显得更加美丽。

分布	东南亚	水温	25℃
饵料	薄片	全长	3.5cm
水质	pH 为 6 左右，弱软水	适合对象	初级者及以上

一线长红灯鱼

Rasbora pauciperforata

一线长红灯鱼主要群居于沼泽、池塘等水草茂密的水中。体侧的红线状花纹会根据水质变化而改变。总的来说，饲养方法很简单，水质变化会影响其身体状况。

分布	东南亚	水温	25℃
饵料	薄片、颗粒	全长	8cm
水质	pH 为 6 左右，弱软水	适合对象	初级者及以上

黑剪刀鱼

Rasbora trilineata

黑剪刀鱼是很常见的鱼，广泛分布在湖泊、沼泽、湿地及大的河川等地，主要栖息在水流较缓的靠近水面的地方。饲养方法简单，适合初级者。

分布	马来西亚、印度尼西亚	水温	25℃
饵料	薄片、颗粒	全长	13cm
水质	pH 为 6 左右，弱软水	适合对象	初级者及以上

亚洲红鼻

Sawbwa resplendens

亚洲红鼻偏好在水草茂盛、水流清澈的地方群居。其体形非常小，鱼体闪耀着光泽，非常美丽。饲养方法简单，但对水质变化非常敏感，需要及时换水。

分布	缅甸	水温	25℃
饵料	薄片	全长	2.5cm
水质	pH 为 7～8，弱软水	适合对象	中级者及以上

唐鱼

Tanichthys albonubes

唐鱼是生活在中国南部的温带鱼，但它对水温有很好的适应性。日本从中国的香港和广州地区大量购买的养殖个体，多数是用作肉食鱼的饵料。唐鱼对水温变化的适应能力强，体格健壮，饲养方法也很简单。

分布	中国	水温	23℃
饵料	薄片	全长	5cm
水质	pH 为 6 左右，弱软水	适合对象	初级者及以上

双色角鱼

Epabeorhynchos bicolor

双色角鱼只有尾鳍是红色的，而另一种鱼所有的鱼鳍都是红色的，被称作彩虹鲨。双色角鱼比较喜欢在水底活动，会一边游动一边欢快地寻找食物。彩虹鲨和双色角鱼体格都很健壮，也很适合初级者饲养。

分布	泰国	水温	25℃
饵料	薄片、颗粒	全长	15cm
水质	pH 为 6 左右，弱软水～弱硬水	适合对象	初级者及以上

银鲨

Balantiocheilus melanopterus

体形和双色角鱼很像，但银鲨比较喜欢在水的中部群游。大型银鲨可长到30cm。饲养方法简单，其对水质变化的适应能力强。

分布	泰国	水温	25℃
饵料	薄片、颗粒	全长	30cm
水质	pH为6左右，弱软水～弱硬水	适合对象	初级者及以上

麦氏拟腹吸鳅

Pseudogastromyzon myersi

在野生状态下，麦氏拟腹吸鳅白天喜欢躲在河底石头的隐蔽处。虽然叫“吸鳅”，但也要给予它充分的动物性饵料。其体格较为健壮，但体表容易擦伤。

分布	中国	水温	25℃
饵料	锭状饵料、疣吻沙蚕	全长	10cm
水质	pH为6左右，弱软水	适合对象	初级者及以上

黑线飞狐

Crossocheilus siamensis

黑线飞狐喜欢吃苔藓，这对于水草茂盛的水族箱来说是必不可少的。黑线飞狐常常穿行在水草之间，并能迅速发现附在叶片上的苔藓。它体格健壮，和其他的鱼类也能相处得好。

分布	泰国、印度尼西亚	水温	25℃
饵料	薄片	全长	10cm
水质	pH为6左右，弱软水	适合对象	初级者及以上

胭脂鱼

Myxocyprinus asiaticus

众所周知，胭脂鱼有两个亚种，但并不清楚哪一种是进口鱼种。胭脂鱼体格健壮，连具有下沉性的锦鲤用饲料也可以食用。幼鱼的背鳍很长，看上去很具幽默感。

分布	中国	水温	23℃
饵料	颗粒	全长	60cm
水质	pH为6左右，弱软水	适合对象	中级者及以上

三间鼠鱼

Botia macracanthus

三间鼠鱼在鳅科鱼中人气很高，成鱼体形较大。饲养起来不是很困难，但容易得白点病。最好调高水温，在购入之后时刻用药预防。

分布	印度尼西亚	水温	27℃
饵料	颗粒、疣吻沙蚕、红虫	全长	30cm
水质	pH 为 6 左右，弱软水	适合对象	初级者及以上

马面鼠鱼

Acanthopsis choirorhynchus

马面鼠鱼主要栖息在湄公河下游的河底沙地。饲养方法简单，体格也很健壮，但有刨沙和把水草刨出来的习惯。设计水族箱时最好把水草种植在容器内。

分布	印度、东南亚	水温	26℃
饵料	颗粒、疣吻沙蚕、红虫	全长	25cm
水质	pH 为 6 左右，弱软水	适合对象	初级者及以上

黄尾弓箭鼠鱼

Brachydanio albolineatus

黄尾弓箭鼠鱼因有一道黑线贯穿背部而得名。黄尾弓箭鼠是比较常见的鱼种，饲养方法也很简单。作为性格活泼的鳅科鱼，需要喂疣吻沙蚕这样的动物性饲料。

分布	泰国	水温	26℃
饵料	颗粒、疣吻沙蚕、红虫	全长	10cm
水质	pH 为 6 左右，弱软水	适合对象	初级者及以上

蛇仔鱼

Pangio kuhlii

蛇仔鱼基本上属于夜行性鱼种，即便养在水族箱里也很少有机会能见到它游动。其体格健壮，对水质变化的适应能力很强，饲养起来也比较简单。

分布	马来西亚	水温	26℃
饵料	薄片、疣吻沙蚕	全长	10cm
水质	pH 为 6 左右，弱软水	适合对象	初级者及以上

鲶科

虽然都是鲶科鱼，但模样却千差万别。鲶科鱼拥有数千个鱼种，其生态形式和繁殖活动也十分独特，不少人会选择单独饲养它们。

胡须是它成为水族箱吉祥物的魅力点

说到鲶科鱼，就会让人想起它那暗褐色的扁平身形。但分布在世界各地的鲶科鱼有数千种，它们的体色、样貌和大小都千差万别。

尽管鲶科鱼是作为观赏鱼进口的，但还是有不少的人把小型异型鱼之类的鲶科鱼当作水族箱清洁工来饲养。拥有超过 200 种同伴的鼠鱼和体表花纹十分美丽的异型鱼等具有个性的鲶科鱼十分多，所以也有不少热带鱼爱好者会选择单独饲养鲶科鱼。

鲶科鱼的饲养并不难，只要掌握基本的管理方法就足够了。为了不伤到它那独具魅力的胡须，一定要选好底砂。

鲶科鱼中有身体透明到可以看见骨头的玻璃猫，还有可以发电的电鲶。这些具有独特习性的鲶科鱼都十分惹人喜爱，也让人再次感觉到鲶科鱼的种类之多。

最具代表性的还要数红尾鲶和月光鸭嘴鱼等体形可超过 1m 的大型鲶科鱼了。

虽然鲶科鱼的幼鱼很小，但它们的成长速度之快却是肉眼可见。它们憨态可掬的可爱模样总让人忍不住想接近，也有人将鲶科鱼当作像小猫和小狗一样的宠物来饲养。

不过，由于鲶科鱼体形较大，因此破坏力也极强。它们会破坏我们好不容易布置好的水族箱布局，甚至有可能弄坏水族箱。饲养大型鲶科鱼的时候，一定要选择比较结实的水族箱。

寻找适合自己水族箱的鲶科鱼

如果要找一条清理苔藓的鲶科鱼，就要从众多种类中找到最适合自己水族箱的那一条。

白鲶

Brachyplatystoma sp.

在白鲶熟悉了水族箱环境之后，可以喂其锭状饵料。白鲶的饲养方法也很简单。它虽然性格温和，但若是无意中被吓了一跳，就会变得很激动。注意不要让它用头冲撞水族箱。

分布	巴西、秘鲁	水温	25℃
饵料	金鱼、鳉鱼	全长	40cm
水质	pH 为 6 左右，弱软水	适合对象	中级者及以上

月光鸭嘴鱼

Brachyplatystoma flavicans

月光鸭嘴鱼全身都闪耀着香槟金的金属光泽，非常美丽。因为神经敏感，所以它被吓到的时候会冲撞水族箱。因此，即使是 20cm 长短的个体，也最好还是养在 90cm 以上的水族箱里。

分布	巴西	水温	24℃
饵料	金鱼、鳉鱼	全长	100cm
水质	pH 为 6 左右，弱软水	适合对象	中级者及以上

扁线戈斯油鲶

Goslinia platynema

扁线戈斯油鲶是喜欢清水的鲶科鱼，需要配备强力循环水泵和大型过滤槽。扁线戈斯油鲶的胡须很长，且呈扁平状，非常有个性。因为其容易变瘦，所以让它吃胖并不是一件简单的事情。注意不要投饵过多。

分布	亚马孙河	水温	23℃
饵料	金鱼、鳉鱼	全长	100cm
水质	pH 为 6 左右，弱软水	适合对象	高级者

大帆鸭嘴鱼

Leiarius pictus

大帆鸭嘴鱼是一种性情比较温和且饲养起来比较简单的鲶科鱼。可以和其他大型的鲶科鱼及丽鱼混养。不过大帆鸭嘴鱼的食鱼性还是很强的，不要把它和比它小一半的鱼混养。

分布	秘鲁	水温	25℃
饵料	金鱼、鳉鱼、红虫	全长	60cm
水质	pH 为 6 左右，弱软水	适合对象	初级者及以上

斑马鸭嘴鱼

Merodontotus tigrinus

斑马鸭嘴鱼是一种在大型鲶科鱼中非常有人气的鱼，深受热带鱼爱好者追捧。斑马鸭嘴鱼生活在流速较快的水中，因此要特别注意水温是否激增或水质是否恶化。饲养斑马鸭嘴鱼的时候，大型水族箱和强力过滤装置是必不可少的。

分布	秘鲁	水温	24℃
饵料	金鱼、鳉鱼	全长	90cm
水质	pH 为 6 左右，弱软水	适合对象	高级者

红尾鲶

Phractocehalus hemiliopterus

红尾鲶是大型鲶科鱼的经典鱼种，日本进口红尾鲶时是从 5cm 长的幼鱼开始按成长时期分类进口的。红尾鲶活泼可爱的样子吸引了不少热带鱼初级爱好者购买。饲养红尾鲶前要做好它会长到超过 1m 的准备。

分布	巴西	水温	25℃
饵料	金鱼、鳉鱼	全长	120cm
水质	pH 为 6 左右，弱软水	适合对象	初级者及以上

铁甲武士

Pseudodoras niger

铁甲武士属于大型鲶科鱼，体侧有尖鱼鳞排列成行。它性格温和，和其他鱼类也很合得来。饲养方法也比较简单，适合想要饲养大型鲶科鱼的初级者。

分布	巴西	水温	25℃
饵料	金鱼、鳉鱼、红虫	全长	80cm
水质	pH 为 6 左右，弱软水	适合对象	初级者及以上

花蜜蜂猫

Pseudopimelodus fowleri

花蜜蜂猫常潜伏在岩石的隐蔽处，等待小鱼接近自己。其对水质变化比较敏感，购买时一定要注意。不过一旦花蜜蜂猫适应了环境之后，饲养就会变得容易许多。

分布	秘鲁	水温	25℃
饵料	金鱼、鳉鱼	全长	50cm
水质	pH 为 6 左右，弱软水	适合对象	中级者及以上

条纹鸭嘴鲶

Pseudoplatystoma fasciatum

条纹鸭嘴鲶和黑白鸭嘴鲶的体形比较像，都喜欢在水底活动，但是条纹鸭嘴鲶比黑白鸭嘴鲶的体形更大。近年也出现了红尾鲶和条纹鸭嘴鲶杂交而生的品种。

分布	巴西	水温	25℃
饵料	金鱼、鳉鱼	全长	100cm
水质	pH 为 6 左右，弱软水	适合对象	初级者及以上

黑白鸭嘴鲶

Sorubim lima

黑白鸭嘴鲶是比较喜欢游动的大型鲶科鱼。现在日本进口的多为 10cm 长的个体。在幼鱼期的时候不要忘了及时喂鳉鱼，否则黑白鸭嘴鲶很容易消瘦。

分布	巴西	水温	25℃
饵料	金鱼、鳉鱼	全长	60cm
水质	pH 为 6 左右，弱软水	适合对象	初级者及以上

成吉思汗鱼

Pangasius sanitwongsei

成吉思汗鱼是最长可达 300cm（约 293kg）的大型鲶科鱼，会捕食浮游生物和海底生物。其性格温和，需要较大的水族箱。

分布	湄公河、湄南河	水温	25℃
饵料	颗粒、鳉鱼	全长	100cm 以上
水质	pH 为 6 左右，弱软水	适合对象	初级者及以上

虎头鲨

Pangasius sutchi

虎头鲨是喜欢游动的鲶科鱼。现在日本也在大量进口人工繁殖的虎头鲨，虎头鲨也有不少白化个体，任何一种饲养起来都很容易，所以初级者也可以饲养。不过，饲养前要考虑到虎头鲨会长得很大。

分布	泰国	水温	25℃
饵料	金鱼、鳉鱼、红虫	全长	60cm
水质	pH 为 6 左右，弱软水	适合对象	初级者及以上

五弦琴猫

Bunocephalus coracoideus

五弦琴猫因体形特别像五弦琴而得名，日本也在持续进口这一品种。虽然饲养方面不需要什么技巧，但五弦琴猫容易擦伤，购买时务必注意。

分布	巴西、厄瓜多尔	水温	25℃
饵料	红虫、鳉鱼	全长	15cm
水质	pH 为 6 左右，弱软水	适合对象	中级者及以上

小精灵鱼

Otocinclus arnoldi

小精灵鱼属于小型鲶科鱼，主要食物是苔藓，因此被称作“水族箱清洁工”。虽然小精灵鱼并不能将水族箱里所有的苔藓都吃干净，但对于清理附在水草上的苔藓还是很有效的。

分布	巴西	水温	25℃
饵料	锭状饵料	全长	5cm
水质	pH 为 6 左右，弱软水	适合对象	初级者及以上

美国豹猫

Pimelodus pictus

美国豹猫常常摆动着它那长长的胡须，在水族箱里游来游去。作为小型鲶科鱼，美国豹猫体格健壮，饲养起来也很简单。不过随着水温的变化，美国豹猫容易患上白点病，所以要时刻注意它的情况。

分布	哥伦比亚	水温	25℃
饵料	颗粒、疣吻沙蚕、红虫	全长	13cm
水质	pH 为 6 左右，弱软水	适合对象	初级者及以上

蜜蜂猫

Batrachoglanis raninus

顾名思义，蜜蜂猫身体上有着像蜜蜂一样的黄黑相间的斑纹。作为中型鲶科鱼，蜜蜂猫饲养起来并不困难，在小型水族箱内就可以饲养。不过要注意水质的急剧变化会导致蜜蜂猫染上白点病。

分布	巴西	水温	25℃
饵料	鳉鱼、疣吻沙蚕、红虫	全长	20cm
水质	pH 为 6 左右，弱软水	适合对象	中级者及以上

电鲶

Malapterurus electricus

电鲶以可以放电而闻名，所以在饲养过程中要小心，避免触电。电鲶体格健壮，饲养起来不困难，但是容易擦伤，所以在移动时要格外注意，最好采用比较细的网。

分布	刚果	水温	26℃
饵料	金鱼、鳉鱼、红虫	全长	30cm
水质	pH 为 6 左右，弱软水	适合对象	初级者及以上

白金豹皮

Synodontis multipunctatus

白金豹皮是须鲶的一种，偏好 pH 和硬度较高的水质。可以和生活在同样水质中的丽鱼混养。其体格健壮，饲养方法也很简单，不过最好使用过滤能力较强的过滤装置。

分布	坦桑尼亚	水温	26℃
饵料	颗粒、疣吻沙蚕、红虫	全长	20cm
水质	pH 为 7～8，弱硬水	适合对象	初级者及以上

倒游鲶

Synodontis nigriventris

倒游鲶是非洲的代表性鲶科鱼，游动时腹部向上。体格健壮，也很能吃，可以饲养在小型水族箱里，适合初级者。

分布	刚果	水温	25℃
饵料	颗粒、疣吻沙蚕、红虫	全长	7cm
水质	pH 为 6 左右，弱软水	适合对象	初级者及以上

哥伦比亚鲨

Arius jordani

哥伦比亚鲨主要分布在淡咸水水域，喜欢游动。体格健壮，不挑食，饲养起来很轻松。最好在饲养水中放入 1/3 的海水。

分布	印度尼西亚	水温	25℃
饵料	颗粒、疣吻沙蚕、红虫	全长	25cm
水质	pH 为 6 左右，弱硬水	适合对象	中级者及以上

班甘连尾鮡

Chaca bankanensis

班甘连尾鮡喜欢生活在水底，多数时候躲在物体的阴影里。其体格健壮，饲养起来也很轻松。其动作缓慢，如果和中型的丽鱼混养，有可能被欺负。

分布	印度尼西亚	水温	25℃
饵料	金鱼、鳉鱼	全长	20cm
水质	pH 为 5～6，弱软水	适合对象	中级者及以上

玻璃猫

Kryptopterus bicirrhis

玻璃猫是原产于东南亚的小型鲶科鱼，也是日本进口数量较多的常见品种。玻璃猫喜欢群居，最好一次性多养几条。虽然饲养方法很简单，但是玻璃猫对水质变化很敏感，要多加注意。

分布	印度尼西亚、泰国	水温	25℃
饵料	薄片	全长	10cm
水质	pH 为 6 左右，弱软水	适合对象	初级者及以上

三线豹鼠鱼

Corydoras trillineatus

市面上所售的“茉莉豹”多数是三线豹鼠鱼。现在日本进口的三线豹鼠鱼既有野生的，也有养殖的，价格相差不大。饲养方法也很简单。

分布	秘鲁	水温	23℃
饵料	颗粒、疣吻沙蚕	全长	4cm
水质	pH 为 6 左右，弱软水	适合对象	初级者及以上

白化咖啡鼠鱼

Corydoras aeneus var.

白化咖啡鼠鱼是咖啡鼠鱼突然变异，从而形成的一个固定鱼种。白化咖啡鼠鱼在东南亚有大量繁殖，在市面上也很常见。和正常品种一样，其体格健壮且易于饲养。繁殖方式也很简单。

分布	改良品种	水温	25℃
饵料	颗粒、疣吻沙蚕	全长	6cm
水质	pH 为 6 左右，弱软水	适合对象	初级者及以上

长鼻印第安鼠鱼

Corydoras cf: arcuatus

野生种长鼻印第安鼠鱼由秘鲁进口，饲养方法简单，其繁殖在水族箱内就可完成。但是野生种的长鼻印第安鼠鱼一般来说都不容易适应高温，所以夏天的时候要注意水温是否上升。

分布	秘鲁	水温	23℃
饵料	颗粒、疣吻沙蚕	全长	6cm
水质	pH 为 6 左右，弱软水	适合对象	初级者及以上

太空飞鼠鱼

Corydoras barbatus

太空飞鼠鱼体形细长，比较活跃，为此它时常会拔掉水草，饲养者要确保水草是否栽种得结实。其不适应高水温，最好养在比较大的水族箱内。

分布	巴西	水温	23℃
饵料	颗粒、疣吻沙蚕	全长	12cm
水质	pH 为 6 左右，弱软水	适合对象	中级者及以上

黑点豹鼠鱼

Corydoras melanistius

黑点豹鼠鱼全身布满了黑色的小圆点，鱼鳃的后半部分还闪耀着金属光泽，十分美丽。具有高贵气质的黑点豹鼠鱼与长有茂盛的皇冠草的水族箱十分相配。虽然也要注意水温是否过高，但饲养起来还是很容易的。

分布	圭亚那	水温	23℃
饵料	颗粒、疣吻沙蚕	全长	5cm
水质	pH 为 6 左右，弱软水	适合对象	初级者及以上

印第安鼠鱼

Corydoras metae

此种印第安鼠鱼的体形略有些圆滚滚，身体带着一些黄色。市面上出售的多是野生种，但都不适应盐分和药剂。要注意水温和水质是否有剧烈的变化，预防疾病发生。

分布	哥伦比亚	水温	23℃
饵料	颗粒、疣吻沙蚕	全长	6cm
水质	pH 为 6 左右，弱软水	适合对象	初级者及以上

花鼠鱼

Corydoras paleatus

花鼠鱼是非常常见的鼠鱼，市面上又称其为“青花鼠”。成鱼很容易分辨雌雄，因为雄鱼比雌鱼的鱼鳍更大，体形也更加苗条。

分布	巴西
饵料	颗粒、疣吻沙蚕
水质	pH 为 6 左右，弱软水
水温	25℃
全长	4cm
适合对象	初级者及以上

熊猫鼠鱼

Corydoras panda

熊猫鼠鱼在市场上很常见，现在日本进口的多为东南亚的养殖鱼种。饲育养殖鱼种虽然比较容易，但为了防止熊猫鼠鱼消瘦，要记得及时投喂疣吻沙蚕等饵料。

分布	秘鲁
饵料	颗粒、疣吻沙蚕
水质	pH 为 6 左右，弱软水
水温	23℃
全长	5cm
适合对象	初级者及以上

金珍珠鼠鱼

Corydoras sterbai

市面上出售的多为养殖鱼种，因此价格也与普通品种相差无几。饲养方法比较简单，不过金珍珠鼠鱼多数都生活在清水中，饲养过程中要时刻保持水质的干净。

分布	巴西
饵料	颗粒、疣吻沙蚕
水质	pH 为 6 左右，弱软水
水温	23℃
全长	6cm
适合对象	初级者及以上

大帆红琵琶

Glyptperichthys gibbiceps

大帆红琵琶通常在东南亚进行养殖，是日本销量最好的异型鱼。其体格健壮，饲养方法也很简单。成鱼的体形非常大，所以不能长时间养在小型水族箱里。

分布	巴西	水温	26℃
饵料	锭状饵料	全长	50cm
水质	pH 为 6 左右，弱软水	适合对象	初级者及以上

黄翅黄珍珠异型

Loricariidae sp.

现在市面在售的黄翅黄珍珠异型都是野生种。其鱼鳍边缘带有的黄色，配上鱼体的斑点，尽显黄翅黄珍珠异型的高级感，这也使得它的人气始终不减。饲养起来并不难，但要注意水质变化。

分布	秘鲁	水温	24℃
饵料	锭状饵料	全长	20cm
水质	pH 为 6 左右，弱软水	适合对象	中级者及以上

国王迷宫

Loricariidae sp.

国王迷宫是小型异型鱼，饲养方法也比较简单，不过日本的进口量有些不稳定。国王迷宫体表有藤蔓花纹，人气非常高。不过，这种花纹也因个体的不同而有所差异。

分布	巴西	水温	24℃
饵料	锭状饵料	全长	12cm
水质	pH 为 6 左右，弱软水	适合对象	初级者及以上

哥伦比亚绿皮皇冠

Panaque nigrolineatus

哥伦比亚绿皮皇冠的头部和身体比起来显得格外大，是属于有一定体高的代表性鱼种。个体之间颜色有差异，并根据花纹是否有断开而分为“半花纹”和“全花纹”。

分布	哥伦比亚	水温	25℃
饵料	锭状饵料	全长	30cm
水质	pH 为 6 左右，弱软水	适合对象	中级者及以上

银河坦克异型

Parancistrus sp.

银河坦克异型因鱼体若隐若现的斑纹和周身细密分布的小圆点而得名，是很常见的异型鱼。其体格健壮，饲养方法也很简单，对水质变化不是很敏感，适合初级者。

分布	巴西	水温	25℃
饵料	锭状饵料	全长	15cm
水质	pH 为 6 左右，弱软水	适合对象	初级者及以上

黄金花面老虎异型

Peckoltia vermiculata

黄金花面老虎异型是梳钩鲶属鱼，饲养起来虽然简单，但是一旦消瘦就很难恢复原来的状态。所以购买时一定要注意黄金花面老虎异型的腹部，不要购入腹部瘪瘪的瘦鱼。

分布	巴西	水温	24℃
饵料	锭状饵料	全长	10cm
水质	pH 为 6 左右，弱软水	适合对象	中级者及以上

红尾坦克异型

Pseudacanthicus sp.

红尾坦克异型是比较有厚重感的异型鱼，深受大型热带鱼爱好者的喜爱。一般来说，异型鱼连流木都会吃，但目前没有出现问题。最好使用专用的辅助饲料，维持其营养均衡。

分布	巴西	水温	25℃
饵料	锭状饵料	全长	30cm
水质	pH 为 6 左右，弱软水	适合对象	中级者及以上

大胡子迷你异型

Ancistrus sp.

大胡子迷你异型是以鼻尖的胡须为特点的大胡子异型幼鱼的总称。其是在东南亚繁殖的。因其原种和个体的差异，成鱼的大小也各有不同。

分布	东南亚	水温	25℃
饵料	锭状饵料	全长	不明
水质	pH 为 6 左右，弱软水	适合对象	初级者及以上

古代鱼

我们总会在不经意间就被古代鱼悠然自得的样子吸引。古代鱼引领着人们，回忆起远古的风貌，也牵动着许多热带鱼爱好者的心，可以说具有极高的人气。

生机勃勃的姿态让人心情爽朗

古代鱼分布在世界各地，有“活化石”之称。由于多数古代鱼体形都较大，需要能够满足它们成长需求的饲养设备，再加上价格昂贵、不容易买到，因此不是所有人都能饲养的。

不过，它那悠然自得的姿态和个性化的样貌独具吸引力。虽然没有其他热带鱼所谓的鲜艳的色彩，但它承载着历史痕迹的容貌，有着不同于一般观赏鱼的魅力。能够在自己家里养上这样的古代鱼，对热带鱼爱好者来说可谓莫大的乐趣。

古代鱼中最受欢迎的要数龙鱼了。由于龙鱼可长到 1m，不少人将它当作宠物来饲养。虽然它的幼鱼只有 5cm，但长得快的个体在 1 年之内就能长到 50cm。这种肉眼可见的成长速度，也是观赏古代鱼的乐趣所在。

虽然人们总有一种“大型鱼很难饲养”的固定观念，但古代鱼体格较为健壮，只要准备好大型水族箱，再创造出适宜的环境，并做好日常管理，也不会那么难养。

饲养古代鱼的要领就在于再现各种鱼的生态环境。不少古代鱼的生活环境都很特殊，最好提前做好功课。

还有一些品种，如亚洲龙鱼是受“华盛顿条约”所保护的鱼种。请大家注意区分，不要购买保护鱼种。

注意不要让你的鱼消瘦

食鱼鱼一旦消瘦，就要花费很多时间去恢复其原来的状态。记得给它们投喂高营养价值的饵料，还要注意时时观察它们的情况。

红龙鱼（亚洲）

Scleropages formosus

红龙鱼又被称作辣椒红龙或血红龙，是亚洲龙鱼的总称。其体形修长，还有一些个体因为鼻尖挺翘而被称作“汤匙头”。

分布	东南亚	水温	26℃
饵料	金鱼、蟋蟀、蜈蚣	全长	90cm
水质	pH 为 6 左右，弱软水	适合对象	高级者

红尾金龙（亚洲）

Scleropages formosus

红尾金龙是从印度尼西亚进口的金龙鱼的总称，在金龙鱼中属于有一定体高，是看上去有一定厚重感的鱼。饲养起来很容易，但其对水质变化敏感，在水质方面要多加注意。

分布	东南亚	水温	26℃
饵料	金鱼、蟋蟀、蜈蚣	全长	90cm
水质	pH 为 6 左右，弱软水	适合对象	高级者

星点龙鱼（澳大利亚）

Scleropages jardini

与亚洲龙鱼属同类鱼，主要吃昆虫和小鱼。日本对星点龙鱼的通称“Barramundi”本来是用来称呼梭鱼的。饲养方法简单。

分布	巴布亚新几内亚	水温	25℃
饵料	红虫、金鱼、蟋蟀	全长	90cm
水质	pH 为 6 左右，弱软水	适合对象	初级者及以上

黑龙鱼（美国）

Osteoglossum ferreirai

黑龙鱼又名黑骨舌鱼。黑骨舌鱼孵化后的幼鱼期，鱼体几乎都是黑色的。长大之后，鱼体便渐渐变成蓝白色。饲养起来很简单，不过黑骨舌鱼对待同类脾气很暴躁。日本对黑骨舌鱼幼鱼的进口时间是每年 12 月到次年 2 月。

分布	巴西	水温	25℃
饵料	红虫、金鱼、蟋蟀	全长	100cm
水质	pH 为 6 左右，弱软水	适合对象	中级者及以上

银龙鱼（美国）

Osteoglossum bicirrhosum

银龙鱼广泛分布在南美洲北部，它作为食用鱼以及钓鱼游戏用鱼，在当地需求量很大。其比较能够适应低氧状态，饲养起来也很容易。

分布	亚马孙流域
饵料	红虫、金鱼、蟋蟀
水质	pH 为 6 左右，弱软水
水温	25℃
全长	120cm
适合对象	初级者及以上

齿蝶鱼

Pantodon buchhlzi

齿蝶鱼是龙鱼的一种。如它的名字一样，齿蝶鱼拥有很大的胸鳍，虽然不能像飞鱼一样飞行，但是可以达到跳跃的程度。不过水族箱顶端最好还是不要留有空间。

分布	尼日利亚
饵料	红虫、蟋蟀
水质	pH 为 6 左右，弱软水
水温	25℃
全长	10cm
适合对象	初级者及以上

大花恐龙

Polypterus ornatipinnis

大花恐龙比较偏好高水温，最好在 28℃左右的水温下饲养。其身上有细小的花纹。市面上常售的多是 6~10cm 的幼鱼。其体格健壮，饲养方法简单。

分布	刚果、喀麦隆
饵料	红虫、金鱼
水质	pH 为 6 左右，弱软水
水温	28℃
全长	60cm
适合对象	初级者及以上

虎纹恐龙王鱼

Polypterus endlicheri endlicheri

虎纹恐龙王鱼是恐龙鱼的经典品种，体形较大花恐龙更扁平。在自然环境下常吃海螺类或贝壳类生物。在水族箱内饲养的话也多是喂食活饵。

分布	苏丹
饵料	金鱼、鳉鱼
水质	pH 为 6 左右，弱软水
水温	25℃
全长	75cm
适合对象	中级者及以上

石花肺鱼

Protopterus aethiopicus aethiopicus

石花肺鱼和长身肺鱼的饲养方法一样，体形比长身肺鱼更大。其会做卵茧，也可以用皮肤呼吸，所以旱季的时候也能生存很久。最好给未满 30cm 的幼鱼投喂昆虫。

分布	尼罗河流域的湖泊
饵料	红虫、金鱼
水质	pH 为 6 左右，弱软水
水温	25℃
全长	200cm
适合对象	中级者及以上

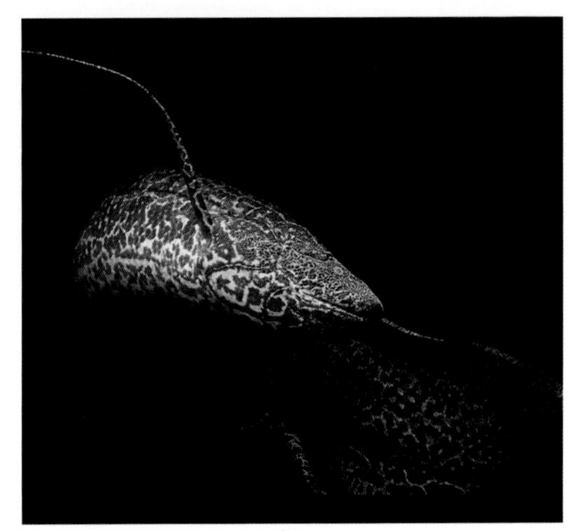

长身肺鱼

Protopterus dolloi

长身肺鱼在旱季产卵，而雄鱼为了守护鱼卵，会不眠不休地守在卵茧旁。饲养方法简单，但由于是大型鱼，其下颚的咬合力很强，最好不要徒手触碰它。

分布	刚果
饵料	红虫、金鱼
水质	pH 为 6 左右，弱软水
水温	25℃
全长	130cm
适合对象	中级者及以上

皇冠飞刀

Chitala branchi

皇冠飞刀幼鱼身上有小黑圆点，但长大后身体后半部分就变成了藤蔓花纹。其基本上是夜行性食鱼鱼，可以和其他大型鱼类和谐相处，饲养方法也很简单。

分布	泰国、柬埔寨
饵料	金鱼、鳉鱼
水质	pH 为 6 左右，弱软水
水温	25℃
全长	120cm
适合对象	初级者及以上

象鼻鱼

Chitala branchi

象鼻鱼拥有发电器官，发电频率达100~2500Hz。象鼻鱼利用自己的这个功能在夜间进行捕食活动。同种之间喜欢互相攻击，在积极好动的鱼种面前会变得非常胆小，所以不适合混养。

分布	尼日利亚
饵料	疣吻沙蚕、红虫
水质	pH 为 6 左右，弱软水
水温	25℃
全长	35cm
适合对象	中级者及以上

金点魟

Potamotrygon henlei

金点魟酷似黑白魟，但金点魟的白色圆斑可以一直延伸到身体的边缘，从这一点上就可以将两者区分开来。纯淡水鱼，对水质变化很敏感，购买时和换水时要格外注意。

分布	亚马孙河流域
饵料	红虫、金鱼、虾
水质	pH 为 6 左右，弱软水
水温	25℃
全长	70cm
适合对象	高级者

珍珠魟

Potamotrygon motoro

产地不同，珍珠魟的颜色也各有不同，哥伦比亚产的品种最美丽。纯淡水鱼，日本的进货也很稳定。入门级鱼种，但购买时要注意体表是否有擦伤。

分布	南美洲北部
饵料	红虫、金鱼、虾
水质	pH 为 6 左右，弱软水
水温	25℃
全长	40cm
适合对象	中级者及以上

弓鳍鱼

Amia calva

弓鳍鱼幼鱼不适应高水温，容易变瘦，饲养时要用观赏鱼用制冷装置。成年弓鳍鱼体格变得健壮，即使在水质污浊和水温过高的环境下也能生存。

分布	北美洲北部
饵料	金鱼、鳉鱼、丸状饵料
水质	pH 为 6 左右，弱软水
水温	15℃ ~20℃
全长	50cm
适合对象	高级者

8 其他鱼、虾、螺

栖息在新几内亚诸岛的彩虹鱼。
同样起源于大海的它们，用自身独特的魅力吸引了不少人的目光。

如海水鱼一般鲜艳的彩虹鱼

彩虹鱼有着海水鱼一般的美丽颜色，常被误认为是半咸水鱼。

与其他热带鱼不同，彩虹鱼在自然环境下养成的特殊习性和样貌，总是让热带鱼初级爱好者敬而远之。

但是，由于彩虹鱼几乎都是纯淡水鱼，所以只要做好水质管理，新手也可以饲养好。

彩虹鱼可分为两类。一类是在靠近淡水区域生活，被称作半咸水鱼的彩虹鱼，还有一类是原本是海水鱼的彩虹鱼。

对于原本是海水鱼的彩虹鱼，当饲养水质浓度接近海水浓度时，它的颜色会变得更漂亮。当然，生活在淡水里的彩虹鱼就没有追求水质浓度的必要了。关于水质浓度最好在商店购买的时候就问清楚。多数彩虹鱼性格比较温和，可以和淡水鱼混养。

另外，彩虹鱼的产卵和繁殖方式都很简单，饲养熟练了之后，可尝试挑战饲养彩虹鱼。

虾和贝类都属于杂食性生物，它们会吃掉鱼类不吃的苔藓，是水族箱的清洁工，在混养中不可或缺。

当然，它们不仅不会影响热带鱼，而且还为水族箱增添了一道美丽的风景线，可谓是一举两得。

不过，也有的贝类连水草都会吃，最好避免把它们和柔软的水草养在一起。

确认水质和栖息区域

根据个体的不同，彩虹鱼偏好的水质也有所不同。购买的时候切记要向店员确认其水质和栖息区域，再根据这些来进行相应的饲养管理。

燕子美人

Iriatherina werneri

燕子美人生活在低地沼泽及河川的淤塞处，即使在水族箱里也不喜欢过急的水流。雄鱼的鱼鳍很长，所以可以轻易地分辨出雌雄。其有可能在水族箱内繁殖。

分布	巴布亚新几内亚	水温	25℃
饵料	薄片、疣吻沙蚕	全长	3cm
水质	pH 为 7~8，弱硬水	适合对象	初级者及以上

石美人

Melanotaenia boesemani

石美人是体形较大且有一定体高的彩虹鱼。成年石美人身体上的橙色会愈发明显，看上去也更饱满。体格健壮，对水质变化适应能力强，饲养起来很容易。

分布	印度尼西亚	水温	25℃
饵料	薄片、疣吻沙蚕	全长	9cm
水质	pH 为 7~9，弱硬水	适合对象	初级者及以上

火焰变色龙

Dario Dario

火焰变色龙不适应水流，最好饲养在水草茂密的水族箱内。雄鱼的体色会变红，一旦配对成功，就要往水族箱内放些浮草，让水族箱变暗，这样它们就会开始进行繁殖活动。

分布	印度、不丹	水温	22℃
饵料	薄片、疣吻沙蚕、咸水小虾	全长	2cm
水质	pH 为 7 左右，软水	适合对象	中级者及以上

电光美人

Melanotaenia praecox

雄鱼的臀鳍、尾鳍和背鳍都呈红色，所以可以很容易分辨出雌雄。在水族箱内也可以进行繁殖。电光美人是日本近几年才开始进口的品种，现在已经很常见了。饲养起来很轻松，没有特别需要注意的。

分布	巴布亚新几内亚	水温	25℃
饵料	薄片、疣吻沙蚕	全长	5cm
水质	pH 为 6 左右，弱软水 ~ 弱硬水	适合对象	初级者及以上

珍珠燕子灯鱼

Pseudomugil gertrudae

珍珠燕子灯鱼是小型灯鱼，因生有大胸鳍而得名。珍珠燕子灯鱼是比较偏好中性软水的灯鱼，可以和一般的热带鱼混养。

分布	巴布亚新几内亚	水温	25℃
饵料	薄片、赤吻沙蚕	全长	3cm
水质	pH 为 6 左右，弱软水 ~ 弱硬水	适合对象	初级者及以上

七彩霓虹灯鱼

Telmatherina ladigesi

七彩霓虹灯鱼最典型的特征就是它透明的身体上有着蓝色的条纹。繁殖方式简单，在水族箱内即可进行。七彩霓虹比较偏好 pH 较高的水质，对水质变化的适应能力也不错，可以与其他热带鱼混养。

分布	印度尼西亚	水温	25℃
饵料	薄片、赤吻沙蚕	全长	8cm
水质	pH 为 7~8，弱硬水	适合对象	初级者及以上

绿河豚

Tetraodon fluviatilis

绿河豚是生活在淡水或半咸水中的典型河豚。绿河豚饲养方式简单，但性格略有些暴躁，会攻击包括同类在内的其他鱼种。虽然绿河豚和其他的河豚一样也具有毒性，但饲养起来并不成问题。

分布	东南亚	水温	25℃
饵料	颗粒、红虫	全长	15cm
水质	pH 为 7~8，弱硬水	适合对象	初级者及以上

巧克力娃娃

Carinotetraodon travancoricus

巧克力娃娃是生活在纯淡水中的极小型河豚，最近在市面多有售卖，已经成为很普通的鱼种了，不过原产地的部分地区还是面临着野生鱼种数量减少的风险。巧克力娃娃饲养方式简单，偏好新鲜水质。

分布	印度	水温	25℃
饵料	颗粒、红虫	全长	3cm
水质	pH 为 6 左右，弱软水 ~ 弱硬水	适合对象	初级者及以上

金钱鱼

Scatphagus argus

金钱鱼多栖息在红树茂密的河口。如果养在水族箱内，要按照海水占 1/3 的比重添加盐分。金钱鱼体格健壮，饲养方式也很简单，但是其背鳍、腹鳍和臀鳍都有毒。

分布	印度、东南亚	水温	26℃
饵料	颗粒、红虫	全长	38cm
水质	pH 为 7~8，弱硬水	适合对象	初级者及以上

玻璃拉拉

Chanda baculis

玻璃拉拉常被当作咸淡水鱼销售，但它其实是纯淡水鱼。虽然玻璃拉拉的体周有着鲜艳的色彩，但是长期饲养的话，这些颜色会随着新陈代谢而褪去。其饲养方式简单，偏好新鲜水质。

分布	印度	水温	25℃
饵料	颗粒、红虫	全长	5cm
水质	pH 为 6~7，弱硬水	适合对象	初级者及以上

弹涂鱼

Periophthalmus valgaris

要饲养弹涂鱼，就要为它打造一个落潮后的潮滩环境，这是饲养的关键。弹涂鱼的腹鳍呈吸盘状，可以攀附于岩石上，要注意不要让它攀附水族箱的玻璃。

分布	印度、东南亚	水温	25℃
饵料	薄片、疣吻沙蚕	全长	15cm
水质	pH 为 7~8，弱硬水	适合对象	中级者及以上

白金水针

Dermogenys pusillus var.

白金水针是生活在川河湖泊等纯淡水区域的针鱼。卵胎生鱼类，因此有可能在水族箱内进行繁殖。因与细菌共生，所以白金水针体表呈现银白色。性格温和，可以和其他鱼类一起混养。

分布	马来西亚、印度尼西亚	水温	25℃
饵料	红虫	全长	7cm
水质	pH 为 7~8，弱硬水	适合对象	初级者及以上

射手鱼

Toxotes jaculatrix

射手鱼因为会射水而知名，多生活在生长有茂密红树林的咸淡水域。射手鱼的食物一般是昆虫，有时也会吃小鱼，所以在混养的时候一定要格外注意。射手鱼体格健壮，饲养方式也很简单。

分布	印度、东南亚	水温	26℃
饵料	颗粒、红虫	全长	30cm
水质	pH 为 7~8，弱硬水	适合对象	初级者及以上

泰国三纹虎

Coius microlepis

泰国三纹虎是非常有人气的大型鱼。日本的进口数量不是很稳定，所以比较难买到，不过市面上还有很多同本种相近的鱼种。泰国三纹虎体格健壮，饲养方式也很简单。

分布	泰国	水温	25℃
饵料	金鱼、鳉鱼	全长	50cm
水质	pH 为 6 左右，弱硬水	适合对象	中级者及以上

枯叶鱼

Monocirrhus polyacanthus

枯叶鱼常通过将自己扮作枯叶来捕食小鱼。饲养在水族箱内时，枯叶鱼不喜欢游动，常躲在阴影处。枯叶鱼偏好软水，且对水质变化很敏感，所以购入时一定要注意调节水质。

分布	南美洲北部	水温	25℃
饵料	鳉鱼	全长	8cm
水质	pH 为 6 左右，软水	适合对象	中级者及以上

七彩塘鳢

Tateurundina ocellicauda

七彩塘鳢是生活在热带雨林的河流及沼泽中的小型塘鳢。在自然环境中，七彩塘鳢喜欢在河底小规模群游。可以和其他鱼种混养，饲养方式也很简单。

分布	巴布亚新几内亚	水温	24℃
饵料	颗粒、红虫	全长	7cm
水质	pH 为 6 左右，弱软水 ~ 弱硬水	适合对象	初级者及以上

小蜜蜂虾虎鱼

Brachygobius doriae

小蜜蜂虾虎鱼是生活在咸淡水域的小型虾虎鱼。如它的名字一样，本种鱼模样形似小蜜蜂，十分可爱。有非常强的领地意识，对同类具有攻击性。饲养方式很简单，偏好海水占 1/4 比重的水质。

分布	巴布亚新几内亚	水温	25℃
饵料	颗粒、红虫	全长	4cm
水质	pH 为 6 左右，弱软水 ~ 弱硬水	适合对象	初级者及以上

淡水比目鱼

Trinectes fluviatilis

淡水比目鱼是生活在淡水中的小型比目鱼，日本进口数量较多，也比较好饲养。淡水比目鱼对其他鱼类没有攻击性，不过经常会被神仙鱼之类的鱼欺负。

分布	秘鲁	水温	25℃左右
饵料	疣吻沙蚕、红虫	全长	5cm
水质	pH 为 6~8，弱软水 ~ 弱硬水	适合对象	初级者及以上

蜜蜂虾

Caridina sp.

日本多从中国香港进口蜜蜂虾，其是模样形似蜜蜂的小型虾。近年销售较多的种类是透明和黑色花纹的，和以前常见的蜜蜂虾不一样。饲养方式简单，繁殖也并不困难。

分布	中国	水温	25℃
饵料	薄片	全长	2cm
水质	pH 为 6 左右，弱软水 ~ 弱硬水	适合对象	初级者及以上

红蜜蜂虾

Caridina sp.

红蜜蜂虾有红白相间的花纹，全长只有 2cm，十分可爱，人气也很高。红蜜蜂虾是蜜蜂虾的改良品种，对水质变化十分敏感，要想饲养好就要特别注意水质管理。

分布	改良品种	水温	25℃
饵料	薄片	全长	2cm
水质	pH 为 6.5 左右，弱软水 ~ 弱硬水	适合对象	高级者

大和藻虾

Caridina japonica

大和藻虾喜爱吃苔藓，一般用它来为水族箱清理苔藓。其属于降海型生物，所以繁殖非常困难。控制好水质变化的话，饲养起来就很容易了。

分布	日本	水温	25℃
饵料	薄片	全长	5 cm
水质	pH 为 6 左右，弱软水	适合对象	初级者及以上

白袜虾

Caridina dennerli

白袜虾只有第一只和第二只胸足是白色的，在水族箱中慌慌张张游动的样子十分有趣。白袜虾可以和 3cm 左右的、性格较温和的热带鱼混养。如果只饲养白袜虾，配上水草和流木等装饰做布局也很美丽。

分布	印度尼西亚	水温	25℃
饵料	薄片	全长	2 cm
水质	pH 为 7.4~8.5，弱软水	适合对象	高级者

石蜑螺

Clithon retropictus

石蜑螺可以说是清理水族箱苔藓的人气选手，适合养在含有少许盐分的水中。石蜑螺很爱动，要小心它会吃掉较为柔软的水草。

分布	日本	水温	24℃
饵料	薄片	全长	2 cm
水质	pH 为 6 左右，弱软水 ~ 弱硬水	适合对象	初级者及以上

蜜蜂角螺

Tateurundina ocellicauda

蜜蜂角螺是生活在咸淡水域的小型螺类，也可以饲养在淡水中，一般用作清理苔藓。市面上常售的还有豆彩螺。

分布	西太平洋热带咸淡水域	水温	23℃左右
饵料	薄片	全长	3 cm
水质	pH 为 6~8，弱软水 ~ 弱硬水	适合对象	初级者及以上

水 草

水草是水族箱布局中最不可缺少的装饰。
近年来以水草为中心的水族箱设计风格也十分受欢迎。
掌握每种水草的生态形式和特征，更好地利用它们吧！

从丰富的种类中选择心仪的水草

虽然都叫水草，但种类可是丰富多样，颜色和形态也是各有不同。所以，要想打造自己理想的设计风格，就要掌握每种水草的生态形式和特征，这样才能更好地利用它们。

水草主要有茎类水草和莲座叶丛类两种。

有茎类水草是茎上生有叶子的水草，将茎剪短后可布置水族箱前景，也可以任其生长用作背景，使用方法多样。

不过，由于多数水草生长速度都很快，稍不注意便会使水族箱看上去杂草丛生，所以一定要记得定期进行修剪维护。

莲座叶丛类水草多数都是像菠菜一样的棵状水草，叶片从根部开始呈放射状生长。好好利用它们的话，会打造出一个独具特色的水族箱。

另外，如果好好利用流木上生长的水草和苔藓，会让你的水族箱焕然一新。

要想水草培植得好，促进光合作用的照明和二氧化碳设备必不可少。由于底砂所含的养分很少，及时施肥也是非常重要的。只要有基本设备，定期修剪维护，培植水草也就不算难事了。

希望大家都找到自己心仪的水草，打造出称心如意的水族箱。

\ 减缓苔藓生长速度 /

水中营养物质过剩时常会生出苔藓。及时换水，并且注意不要施肥过多，这样就能减缓苔藓的生长速度。

世界各地的 水草原产地

水草是能影响水族箱造景的重要因素，对水族箱来说已是必不可少的一部分。受种类不同，以及原产地水质差异的影响，水草培植的难易度也完全不同。既有因为生长在清水中，一旦水质恶化就迅速枯萎的水草，也有水质疏于管理却也长势喜人的水草。

埃格草
绿菊花草
小红莓
香菇草
北美洲 · 中美洲地区
日本绿千层
皇冠草
香蕉草
大洋洲地区
南美洲地区
美洲苦草
箦藻

假马齿苋

Bacopa monnieri

假马齿苋多生长于北美洲，常用作草药。不需特别施肥，水中盐分较高时也能抵御。生命力顽强，适合初级者。

类别	有茎类	分布地区	广泛分布		
所需光量	稍强	pH	6~8	CO_2	不需要
水温	20℃ ~25℃	适合对象	初级者及以上		

埃格草

Egeria densa

埃格草常作为金鱼用水草出售，生命力很顽强，也是很受欢迎的水草。培植方法简单，有超过 1m 的可能性，切记要及时修剪。

类别	有茎类	分布地区	北美洲		
所需光量	普通	pH	5~8	CO_2	不需要
水温	15℃ ~23℃	适合对象	初级者及以上		

绿菊花草

Cabomba caroliniana

日本本土化绿菊花草被称作“金鱼藻”，多被用于饲养金鱼，也适合作为产卵床，初级者也能轻松进行培植。

类别	有茎类	分布地区	北美洲		
所需光量	普通	pH	6 左右	CO_2	不需要
水温	18℃ ~25℃	适合对象	初级者及以上		

日本珍珠草

Hemianthus micranthemoides

日本珍珠草的特点就是它拥有美丽细小的叶片，培植起来稍有些难度。需要准备土壤状的植物用底砂，还要进行精心修剪维护以控制其生长密度。

类别	有茎类	分布地区	北美洲中部		
所需光量	普通	pH	6 左右	CO_2	不需要
水温	20℃ ~25℃	适合对象	初级者及以上		

湖柳

Hygrophila corymbosa var. angustifolia

湖柳是双叶柳，茎的每个节都生有两片细长的大叶片，各个茎节生有三片叶片的则被称为三叶柳。这两种水草培植方法都很简单，适合初级者。

类别	有茎类	分布地区	东南亚		
所需光量	普通	pH	5~8	CO_2	不需要
水温	25℃左右	适合对象	初级者及以上		

水罗兰

Hygrophila difformis

水罗兰的生长速度非常快，培植方法也很简单。不过水罗兰叶片生得很大，容易出现生长过密的情况，栽种时最好每株间隔 3cm 以上。

类别	有茎类	分布地区	东南亚		
所需光量	普通	pH	5~8	CO_2	不需要
水温	25℃左右	适合对象	初级者及以上		

新青叶

Hygrophila polysperma

新青叶是很普通的水草，常常能在宠物商店看见，适合初级者。不需要特殊的培植技巧，不过照明不足的时候叶片容易扭曲。

类别	有茎类	分布地区	东南亚		
所需光量	普通	pH	6 左右	CO_2	不需要
水温	20℃ ~25℃	适合对象	初级者及以上		

红丝青叶

Hygrophila polysperma var. rosanervis

新青叶的改良品种，新芽呈红色，非常美丽。培植方法同新青叶一样，初级者也能轻松栽种。

类别	有茎类	分布地区	东南亚		
所需光量	普通	pH	6 左右	CO_2	不需要
水温	20℃ ~25℃	适合对象	初级者及以上		

石龙尾

Limnophila sessiliflora

石龙尾的叶片形似绿菊花草，不过比其更加饱满。培植方法很简单，但如果生长过密会导致水草根部腐烂。

类别	有茎类	分布地区	东南亚		
所需光量	稍强	pH	6左右	CO_2	不需要
水温	25℃左右	适合对象	初级者及以上		

小红莓

Ludwigia arcuata

类别	有茎类	分布地区	北美洲		
所需光量	强	pH	6左右	CO_2	需要
水温	20℃~25℃	适合对象	初级者及以上		

小红莓偏好弱软水，培植方法简单，初级者也可以栽种。需要较强的光量，照明不足的话会导致叶间距扩大，影响视觉效果。

大红叶

Ludwigia glandulosa

大红叶那稍有些卷曲的红色叶片最为特别，照明不足的话，叶片可能会呈现淡绿色。培植大红叶的过程中添加二氧化碳是必不可少的，最好少施一些底床肥料。

类别	有茎类	分布地区	东南亚		
所需光量	稍强	pH	6左右	CO_2	需要
水温	25℃左右	适合对象	中级者及以上		

大叶珍珠草

Micranthemum umbrosum

类别	有茎类	分布地区	北美洲北部		
所需光量	稍强	pH	5~8	CO_2	需要
水温	25℃左右	适合对象	中级者及以上		

大叶珍珠草是向水平方向生长的水草，适合布置在水族箱内。不需特别施肥，但及时添加二氧化碳的话，可以使其生长得更美丽。

日本绿千层

Myriophyllum mattogrossense var."green"

原种叶片带有淡淡的红色，本种是纯粹的绿色。培植日本绿千层并不难，用大矶砂也可进行栽种。日本绿千层的茎很容易折断，栽种时要格外小心。

类别	有茎类	分布地区	南美洲		
所需光量	普通	pH	6左右	CO_2	需要
水温	25℃左右	适合对象	初级者及以上		

红蝴蝶草

Rotala macrandora

类别	有茎类	分布地区	印度		
所需光量	强	pH	6左右	CO_2	必要
水温	20℃~25℃	适合对象	高级者		

红蝴蝶草非常美丽，培植方法也并不难。需要添加二氧化碳，栽种时每株间距要在2cm以上。

绿宫廷

Rotala rotundifolia var."green"

类别	有茎类	分布地区	东南亚		
所需光量	普通	pH	6左右	CO_2	不需要
水温	20℃~25℃	适合对象	初级者及以上		

绿宫廷的叶片本来是带有一些红色的，但经过改良后就成了纯粹的绿色。其生命力顽强，初级者也能栽种。如果过度缺少照明，水上的叶子就很难转换成水下叶。

南美小百叶

Rotala sp."ARAGUAIA"

类别	有茎类	分布地区	南美洲		
所需光量	稍强	pH	6左右	CO_2	必要
水温	20℃~25℃	适合对象	中级者及以上		

南美小百叶是节节菜属中非常受欢迎的水草，不过流通数量却很少。细长的叶片茂密生长，显得魅力十足，而要想保持这份美丽不仅必须要有二氧化碳，还需要有较强的照明。

水榕

Anubias barteri var. nana

水榕人气非常高，流通数量也很多，最好让其扎根于流木或岩石。现在市面上也有种好的水榕出售。水榕生长速度较慢，要注意别让苔藓附在其叶片上生长。

类别	莲座叶丛类	分布地区	喀麦隆		
所需光量	普通	pH	5~8	CO_2	不需要
水温	25℃左右	适合对象	初级者及以上		

皇冠草

Echinodorus amazonicus

本种是最常见的皇冠草，几乎都是以水上叶的形式出售的。种植在水族箱内后会出现枯萎的现象，之后又会在水中长出新芽。

类别	莲座叶丛类	分布地区	巴西		
所需光量	普通	pH	6 左右	CO_2	需要
水温	25℃左右	适合对象	初级者及以上		

九冠草

Echinodorus martii

九冠草的培植方式同皇冠草一致。不过九冠草可以生长得很大，叶长也会超过 30cm，最好培植在 45cm 深的水族箱里。

类别	莲座叶丛类	分布地区	巴西		
所需光量	普通	pH	6 左右	CO_2	需要
水温	20℃ ~25℃	适合对象	初级者及以上		

箦藻

Blyxa novoguineensis

给箦藻施液肥的话可能会滋生苔藓，所以最好少施一些底床肥料。添加一些二氧化碳的话，箦藻会长得更漂亮。箦藻不会长得很大，可以用作中景。

类别	无茎类	分布地区	巴布亚新几内亚		
所需光量	强	pH	7 左右	CO_2	需要
水温	18℃ ~25℃	适合对象	中级者及以上		

绿温蒂椒草

Cryptocoryne wendtii var. "green"

绿温蒂椒草是比较小巧的水草，可以培植在小型水族箱内。不需要二氧化碳，适合初级者。除了本种之外，还有褐色、红色等改良品种。

类别	莲座状	分布地区	斯里兰卡		
所需光量	普通	pH	5~8	CO_2	不需要
水温	25℃左右	适合对象	初级者及以上		

网草

Aponogeton madagascariensis

网草叶片呈蕾丝状，可以生长得很大，具有独特的魅力，常以球根状出售。它的生长程度足以超出你的想象，所以最好远离其他的水草栽种。

类别	莲座状	分布地区	马达加斯加		
所需光量	普通	pH	6 左右	CO_2	必要
水温	20℃ ~25℃	适合对象	中级者及以上		

美洲苦草

Vallisneria americana

美洲苦草的生命力非常顽强，培植方法也很简单，能够抵御低水温，适合种在养有金鱼的水族箱里。不过美洲苦草的生长速度很快，有可能会覆盖水面，要进行频繁的修剪。

类别	莲座状	分布地区	亚洲		
所需光量	普通	pH	5~8	CO_2	不要
水温	18℃ ~25℃	适合对象	初级者及以上		

欧亚苦草

Vallisneria spiralis

欧亚苦草在适宜的环境下生长速度很快，会不断长出枝蔓和新叶。不使用特殊的技巧或工具也可以生长得很好，但修剪起来还是要费一番功夫。

类别	莲座状	分布地区	亚洲		
所需光量	普通	pH	5~8	CO_2	不要
水温	18℃ ~25℃	适合对象	初级者及以上		

香菇草

Hydrocotyle verticillata

香菇草是低矮水草，十分可爱。对于香菇草来说，强照明和二氧化碳是必不可少的。最好再添加一点底床肥料，但切记不要施肥过多。施肥过多，叶片可能会枯萎，施加规定量的一半即可。

类别	其他	分布地区	北美洲		
所需光量	强	pH	6 左右	CO_2	必要
水温	10℃ ~25℃	适合对象	中级者及以上		

牛毛毡

Eleocharis acicularis

牛毛毡不会长得太大，适合做前景。栽种时需要耐心，一旦开始生长，枝蔓就会迅速伸展开来，再次栽种叉钱苔水草时就会方便许多。

类别	其他	分布地区	广泛分布		
所需光量	稍强	pH	6 左右	CO_2	必要
水温	18℃ ~25℃	适合对象	初级者及以上		

矮珍珠

Glossostigma elatinoides

矮珍珠通常长到 5cm 高就不会再长了，常用来布置前景。不过培植矮珍珠十分困难，在培植过程中必须保证强照明和二氧化碳的供给。

类别	其他	分布地区	新西兰		
所需光量	强	pH	6 左右	CO_2	必要
水温	20℃ ~25℃	适合对象	高级者		

迷你兰

Lilaeopsis novaezelandiae

迷你兰叶片卷曲，生长速度较慢。叶片伸展幅度不大，用来布置中景很有效果。生长缓慢的水草在栽种之后最好不要进行移栽。

类别	其他	分布地区	新西兰		
所需光量	稍强	pH	6 左右	CO_2	必要
水温	18℃ ~25℃	适合对象	中级者及以上		

铁皇冠

Microsorium pteropus

铁皇冠是在水生蕨类中对水质变化适应能力较强的水草，但抵御高水温能力较差。铁皇冠培植方法简单，适合初级者。市场上也有栽种在流木和岩石上的铁皇冠出售。

类别	其他	分布地区	东南亚		
所需光量	普通	pH	6左右	CO_2	不要
水温	20℃~25℃	适合对象	初级者及以上		

水蕨

Ceratopteris thalictroides

水蕨生长速度非常快，不必添加二氧化碳。培植方法简单，适合初级者。比起水上叶，水中叶分枝更细，颜色也呈现出美丽的亮绿色。

类别	其他	分布地区	广泛分布		
所需光量	强	pH	6左右	CO_2	不要
水温	25℃左右	适合对象	初级者及以上		

鹿角铁皇冠

Microsorium pteropus var. “windelov”

鹿角铁皇冠是铁皇冠的改良品种，培植方法也相同。鹿角铁皇冠的特点在于叶片分枝更细，显得十分美丽。常见于市面上的鹿角铁皇冠的水中叶都很柔软且呈淡绿色。

类别	其他	分布地区	改良品种		
所需光量	普通	pH	6左右	CO_2	不要
水温	20℃~25℃	适合对象	初级者及以上		

齿叶睡莲

Nymphaea lotus

齿叶睡莲属热带睡莲，施肥好的话，叶片生长高度能达到20cm。叶片生长过高可能会影响其他水草的生长，可以说是在水族箱布局中非常有存在感的主心骨了。

类别	其他	分布地区	非洲热带地区		
所需光量	强	pH	6左右	CO_2	必要
水温	18℃~25℃	适合对象	中级者及以上		

香蕉草

Nymphoides aquatica

香蕉草具有繁殖芽，可以适应残酷的环境，因自身形状而得名。香蕉草含有毒性，不可食用。如果照明充足，初级者也可以轻松培植。

类别	其他	分布地区	南美洲、北美洲		
所需光量	稍强	pH	6左右	CO_2	需要
水温	18℃~25℃	适合对象	初级者及以上		

水藓

Taxipyllum sp.

水藓常附着在流木和岩石上生长，增加了水族箱造景。光照好的情况下，叶片伸展且呈深绿色。如果光照不好，就会呈现出淡绿色。最好使用液体肥料。

类别	苔藓类	分布地区	亚洲		
所需光量	稍强	pH	6左右	CO_2	必要
水温	20℃~25℃	适合对象	初级者及以上		

南美洲莫斯

Vesicularia amphibola

南美洲莫斯是呈三角形生长的美丽水生苔藓。要想长势好，必须添加液体肥料和二氧化碳，最好照明力度也要强些。使用容器栽培也十分有趣。

类别	苔藓类	分布地区	巴西		
所需光量	稍强	pH	6左右	CO_2	必要
水温	20℃~25℃	适合对象	中级者及以上		

叉钱苔

Riccia fluitans

叉钱苔原本是浮在水面的植物，要想在水中培植就需要用网使其下沉。强照明和二氧化碳的添加是必不可少的，培植初期在水面上培植会比较简单。

类别	苔藓类	分布地区	广泛分布		
所需光量	强	pH	6左右	CO_2	必要
水温	18℃~25℃	适合对象	中级者及以上		

[第3章]

热带鱼及工具的选购

要想开启你的热带鱼饲养生活，
就要选择好健康的热带鱼，以及与热带鱼相适应的水族箱设备。
接下来我将为大家介绍正确的选购方法和注意事项。

选择热带鱼

开启热带鱼饲养生活要从收集资料开始

饲养热带鱼乍一看很简单，但在水族箱、工具、热带鱼数量及性格等方面，有许多必须了解的知识。要想愉快地饲养热带鱼，就掌握好基础知识吧。

确定自己想要什么风格的水族箱

首先要明确自己饲养热带鱼的动机，这一点非常重要。不管是“想配上水草和流木，当作风景的一部分来欣赏”，还是“想要尝试养龙鱼”，请根据自己的动机来决定自己想要饲养的热带鱼的种类。要想中途不后悔，一开始就要确定好自己的目标。

其次要考虑水量（水族箱的大小）、鱼的数量和水质的问题。如果这三个因素没有达到平衡，不管你准备了多么昂贵的设备，也没有办法为热带鱼创造一个良好的生活环境。所以，多查些资料，确定自己是否能为饲养的热带鱼创造合适的环境。如果认为自己的水族箱什么鱼都可以养，最好还是放弃吧。饲养小生命，勉强是不可取的。

多去商店观察热带鱼的样子

作为新手，要想饲养好热带鱼，最重要的是找到一家能为你介绍工具、热带鱼和饲养方法方面的专业知识，并提供好建议的商店。如果身边有热带鱼爱好者可以咨询便是再好不过了。如果没有，也可以多去几家专业杂志介绍过的商店，找到一家环境好、服务优、商品全的商店，就可以安心合作了。

另外，不要忘记观察自己想要饲养的热带鱼。观察的几个要点是：1. 游泳方式；2. 体表和鱼鳍；3. 鱼眼和鱼鳃；4. 外貌。从这几个要点来进行认真观察，就能发现健康又有活力的热带鱼。

绝对不能买的热带鱼

- 游动时无法平静
- 在水面时，嘴一张一合
- 动作缓慢，群游时跟不上
- 背部和腹部明显消瘦
- 腹部极度鼓胀
- 游动姿势很不自然
- 待在不正常的地方
- 刚刚进货的热带鱼

以上状态的热带鱼多数是有异常的。不过，根据热带鱼种类不同所要观察的要点也不同，所以要对自己想要饲养的热带鱼多加观察，培养敏锐的观察力。

不同种类的热带鱼的选购方法

鳉鱼

卵胎生鳉鱼体格比较健壮，适合初级者。成对购买的话可以观察到鳉鱼繁殖，十分有趣。日本产孔雀鱼会比进口孔雀鱼更方便饲养，要想轻松一点的话推荐购买日本产的。此外，刚进口的鳉鱼长途跋涉，非常疲劳，受水质变化的影响，很多鱼会生病。要选择鱼鳍伸展开来并且游动起来很活泼的鱼。

脂鲤

脂鲤群游的样子比较美，可以一次性选择购入 5~10 条。不过红绿灯鱼和宝莲灯鱼对水质变化比较敏感，刚运输过来时身体状态会下降，最好和店员仔细确认过后再购买。

丽鱼

由于丽鱼常年进行繁殖，所以体形可能会出现异常，最好选择正常体形的个体。另外，有些丽鱼会在商店的水族箱内打架，因而身体上有擦伤，要仔细检查体表无异常后再购买。

攀鲈

攀鲈的繁殖方式非常奇特，成对饲养可以享受到观察繁殖的乐趣。根据水族箱的尺寸不同，珍珠马甲可以雌雄混养，选择 10 条比较合适。饲养斗鱼时，雄鱼之间会激烈争斗，所以只能饲养一条雄鱼。如果想给斗鱼配对，可以购买几条雌鱼，再选择与其性格相投的雄鱼。

鲤科和鳅科

最好购买 15~20 条年轻、有活力的鱼。不过波鱼和鲃鱼容易得白点病，购入时要仔细观察体表。鳅科鱼喜欢钻进沙子里面，所以身上常出现擦伤，多有二次感染的可能性，要多加注意。

鲶科

鲶科鱼一旦生病，很难采用药物治疗，最好不要购买刚到货的个体。若不清楚具体情况，就向店员询问建议。异型鱼类消瘦的话多不为人察觉，不要购买肚子太瘪的个体。如果想观察鼠鱼的繁殖过程，可以一次混合购买雌雄 5~10 条，养在专用的水族箱里。

古代鱼

多数古代鱼幼鱼体形很小，成鱼体形却很大，购买时要考虑到这一点。古代鱼多是野生个体，有一些会感染寄生虫，所以要注意其体表是否有异常。生长较快的古代鱼一年就可长到 50cm，可以好好观察。

其他鱼

多数在特殊环境中生活，要预先研究好相关资料再决定是否要购买。另外，购买时要向店员确认水质和水温情况，一开始也最好让店员来挑选优鱼和劣鱼。

步骤

2

适合混养的热带鱼

了解每条鱼的特性，开始混养吧

在确定了自己想要的水族箱风格之后，接下来就是选择热带鱼了。如果只养一种鱼肯定没有问题，但如果数种鱼混养就必须考虑组合搭配了。

考虑混养的话，首先要了解每种鱼的特性

一旦开始饲养热带鱼，想必你也会想尝试多个种类吧。

不过，有的热带鱼性格温和，有的热带鱼则攻击性强，每种热带鱼性格各异。

当然不会有人考虑把肉食鱼和小型鱼混养。

但是，像斗鱼那样对其他鱼类毫不关心，只攻击同种同性鱼的热带鱼，就不适合与和它大小、性格相似的鱼养在同一个水族箱内。

另外，神仙鱼虽然是适合混养的热带鱼首选，但是其成鱼体形很大，最好不要同幼鱼或小型鱼混养。

初级者当然也会想饲养五颜六色的热带鱼。

适合混养的热带鱼搭配

	孔雀鱼	蓝眼灯鱼	红绿灯鱼	淡水神仙鱼	七彩神仙鱼	荷兰凤凰鱼	蓝三角	虎皮鱼	五彩丽丽鱼	花鼠鱼	大帆红琵琶	玻璃猫	条纹鸭嘴鲶	电光美人	银龙鱼
孔雀鱼	◎														
蓝眼灯鱼	◎	◎													
红绿灯鱼	◎	◎	◎												
淡水神仙鱼	△	×	△	○											
七彩神仙鱼	△	×	△	○	○										
荷兰凤凰鱼	△	△	△	○	△	○									
蓝三角	○	◎	◎	△	△	○	◎								
虎皮鱼	×	○	◎	×	△	○	◎	◎							
五彩丽丽鱼	○	○	○	○	○	○	◎	△	◎						
花鼠鱼	◎	◎	◎	◎	◎	◎	◎	○	◎	◎					
大帆红琵琶	○	○	○	○	△	○	○	○	○	△	◎				
玻璃猫	◎	○	○	△	△	○	○	△	○	◎	○	◎			
条纹鸭嘴鲶	×	×	×	×	△	×	×	×	×	×	×	×	○		
电光美人	○	○	○	△	△	○	○	○	○	○	○	○	×	◎	
银龙鱼	×	×	×	×	△	×	×	×	×	×	△	×	○	×	×

以上是大致标准。具体情况还要视热带鱼生长情况而定，最好多向商店确认。

遇到烦恼就向商店询问

肉食鱼、强攻击性鱼、食鳞鱼、咬鳍鱼等，热带鱼的食性是多种多样的。如果还想种植水草，就不仅要考虑这些，还要考虑热带鱼是否具有食草性。

除了食性，热带鱼所偏好的环境也会影响其是否能同其他鱼类混养。购买前务必要向商店店员进行确认。

不过，即使在选购时想好了万全之策，也会有混养不顺的时候。建议准备好预备的水族箱，让被攻击和被伤害的热带鱼能够有避难之所。

适合混养的鱼

体形相近最合适

一般来说，基本都选择体形差不多的热带鱼混养。体形相差过大是混养禁忌。不过要注意，小型鱼里也有攻击性很强的品种，同样大型鱼里也有性格温和的品种。

商店常见的红绿灯鱼、新月鱼、孔雀鱼等都是很适合混养的品种。

要想知道热带鱼适不适合混养，最基本的就是看它的食性。

会吃浮游生物的鱼种，常常群游捕食，并没有领地意识。这种鱼就适合混养。吃薄片人工饵料的鱼种也符合这一特征。

食草性和食鱼性的鱼种，以及伏在水底吃饵料的领地意识很强的鱼种，基本上不考虑混养。要是不清楚每种热带鱼的特性，就咨询店员吧。

不适合混养提示

鲤科鱼中，有许多体形小、性格温和的鱼种适合混养。但是小型鱼中也有不少好奇心旺盛，可能会对其他鱼类造成伤害的鱼。

丽鱼多数缺乏适应性，即使是热带鱼高级爱好者，也要费一番功夫。

会清理水族箱的生物

苔藓是热带鱼饲养过程中的拦路虎。可以减缓苔藓生长速度的代表性生物有小精灵鱼、大和藻虾、石蜑螺等。小精灵鱼和石蜑螺会吃掉附着在水族箱玻璃上的苔藓，大和藻虾则会吃掉附着在岩石和流木上的丝状苔藓。

以上几种生物性格都很温和，对其他的鱼类和水草没有什么危害。

基本上，如果是长有茂密的水草、60cm 长的水族箱，饲养 5~10 条小精灵鱼、10 只大和藻虾、3 个石蜑螺就足够了。不过，这 3 种除藓小能手都是大型鱼的鱼饵，因此只能养在小型鱼的水族箱里。此外，它们并不能吃掉所有的苔藓，定期清理水族箱还是必不可少的。

◆小精灵鱼

◆大和藻虾

攀鲈很特别，既有像斗鱼这样斗争心很强、会攻击同类鱼的热带鱼，也有像巧克力飞船这样胆小的鱼。

除此之外，还推荐只要水质合适，就可以混养的小型彩虹鱼。

●各种鱼类的特征

鳉鱼	孔雀鱼、新月鱼、剑尾鱼、蓝眼灯鱼	虽然孔雀鱼和新月鱼适合混养，但是会欺负帆鳍花鳉这样的小型鱼
脂鲤	红绿灯鱼、柠檬灯鱼、黑白企鹅、玻璃彩旗、铅笔鱼	多数小型脂鲤适应能力都很高，但要注意大型脂鲤中食鱼性鱼也有很多
攀鲈	五彩丽丽鱼、大理石曼龙、珍珠丽丽鱼、巧克力飞船	攀鲈基本上都很适合混养，不过由于攀鲈鱼杂食性较强，可能会吃掉 1~2cm 长短的鱼
丽鱼	淡水神仙鱼、菠萝鱼、荷兰凤凰鱼、斑马雀鱼	丽鱼多数具有很强的领地意识，很难进行混养。如果要混养，应养在设有许多隐蔽处的大型水族箱内
鲤科和鳅科	珍珠斑马、红玫瑰鱼、蓝三角	大多具有很强的适应能力，不过也要注意有像虎皮鱼这样会咬鱼鳍且攻击性很强的鱼
鲶科	小精灵鱼、熊猫鼠鱼、花鼠鱼、白化咖啡鼠鱼	鼠鱼等小型异型鱼比较适合混养，中型和大型鲶科鱼中食鱼性鱼较多，很难混养
其他鱼	燕子美人、电光美人、玻璃拉拉、小蜜蜂虾虎鱼	多数具有独特的性质，最好事先调查好目标鱼种的性格和适合的水质再考虑购买

不适合混养的鱼

热带鱼中有许多不适合混养的品种

热带鱼的魅力就在于其美丽的颜色和身姿，所以初级者常常会优先考虑颜色搭配来混养，而这就是酿成不可挽回的悲剧的原因。一般来说，食鱼鱼、大型鱼以及会对其他热带鱼造成伤害的热带鱼都不适合混养。

一提到肉食鱼，想必都会想起脂鲤的红腹食人鱼。红腹食人鱼是典型的肉食鱼，也可以吃人工饲料，饲养方法比较简单。但是它会吃掉其他的鱼类，身长也有可能长到 30cm 左右，所以并不适合混养。此外，银屏灯鱼会撕咬其他鱼的鱼鳍，啃食水草，最好不要将它放入水草茂密的水族箱，也不要同鱼鳍较长的鱼混养。

另外，还有一部分鱼经常只吃鱼鳞，有着特殊的生态习性。

●最好避开混养的鱼

理由		鱼的品种
具有捕食性	具有捕食性的鱼很难同比它体形小的鱼混养。此外，要格外注意杂食性鱼种，因为它们也会吃掉别的鱼	红尾鲶 红腹食人鱼 枯叶鱼 鳄雀鳝 地图鱼 眼斑鲷
善斗	一般来说，领地意识较强的鱼可以视作善斗的鱼。根据划分领域目的的不同，争斗的对象也不同。像斗鱼划分领域是为了繁殖，所以其争斗的对象也仅限同种雄鱼。而杂食性的丽鱼划分领域是为了争夺饵食，争斗对象并不固定	斗鱼 罗汉鱼 珍珠豹鱼 弗氏鬼丽鱼（阿里） 布隆迪六间鱼 象鼻鱼
其他	有许多鱼类食性奇特。例如哥伦比亚绿皮皇冠，喜欢舔其他鱼类的身体，很难进行混养。小型鱼种中也有像虎皮鱼一样因好奇心旺盛而嗜咬其他鱼鱼鳍的鱼。生活在淡水中的鳐鱼由于动作缓慢，常常会被其他鱼类欺负。所以混养时一定要了解清楚各个鱼种的特性	珍珠魟 金点魟 哥伦比亚绿皮皇冠 蛇仔鱼

要注意具有攻击性鱼种的搭配

记住，小型鲤形目中也有像虎皮鱼这样好奇心旺盛的、喜欢干涉其他鱼的鱼。

丽鱼基本上适应能力都很弱，要混养的话必须再三考虑。

此外，因喜欢撒娇而十分具有人气的地图鱼和眼斑鲷成鱼体长可达 30cm，不是很适合混养。

中大型鲶科鱼中，除了鼠鱼和异型鱼，几乎都是具有食鱼性的鱼。这些食鱼鱼很难和与自身体形不一致的鱼混养。另外，要注意小型鲶科鱼中也有性格比较暴躁的鱼。

选择水族箱和工具

享受水族箱的快乐要从选择好工具开始

养鱼如养水，要想养好热带鱼，水质管理是十分重要的。所以要选择合适的水族箱和配套工具。选择好的饲养工具，打造你理想的水族箱吧。

水族箱

一开始是最关键的，尽量选择符合自己要求的水族箱

水族箱是放置在家里供人每天欣赏的，可以说是设计水族箱过程中最重要的决定性物品。如果钱包和空间允许，尽量选择高品质的水族箱。

水族箱分为玻璃制、丙烯酸树脂和塑料制三种。玻璃制水族箱是最常见的，虽然并不便宜，但很少会出现划痕，建议初级者购买。

丙烯酸树脂比起玻璃来说更好加工，可以定制自己想要的形状和大小。透明度也比玻璃高，但因为材质较软，容易出现划痕。

塑料制水族箱是以聚氯乙烯透明树脂为材料制成的小型水族箱，最大的也只有 50cm。透明度不高，也很容易产生划痕，所以不建议用作观赏性水族箱。不过，当鱼生病需要治疗，或正处繁殖期需要产卵，又或者被其他鱼类攻击受伤时，这种材质的水族箱可作为预备水族箱，为热带鱼提供临时的隔离场所。

初级者建议使用 30cm 长的玻璃水族箱

如果只考虑水质管理，水量越多、水质越稳定，饲养热带鱼也比较轻松。但是，保持这种情况不仅需要足够的空间和金钱，还需要花费时间精力去换水和保养。

为了让初级者更快熟悉操作，打造适合初级者的水族箱要考虑到以下两点：1. 水族箱空着的时候，一个人就可以搬动。2. 放置好之后，手可以摸到水族箱里的所有地方。考虑到这两点，水族箱最大不能超过 90cm。当然，水族箱越大，价格也越高。考虑到性价比和水质管理的方便性，初级者可以使用 60cm 长的水族箱。

水族箱尺寸和重量的关系

水族箱尺寸（mm）	水容量（L）	总重量（kg）
359×220×262	20	21
450×295×300	35	36
600×295×360	57	60
600×450×450	105	110
900×450×450	157	167
1200×450×480	220	235
1200×450×600	345	375

※ 水族箱尺寸 = 长 × 宽 × 高

水族箱十件套

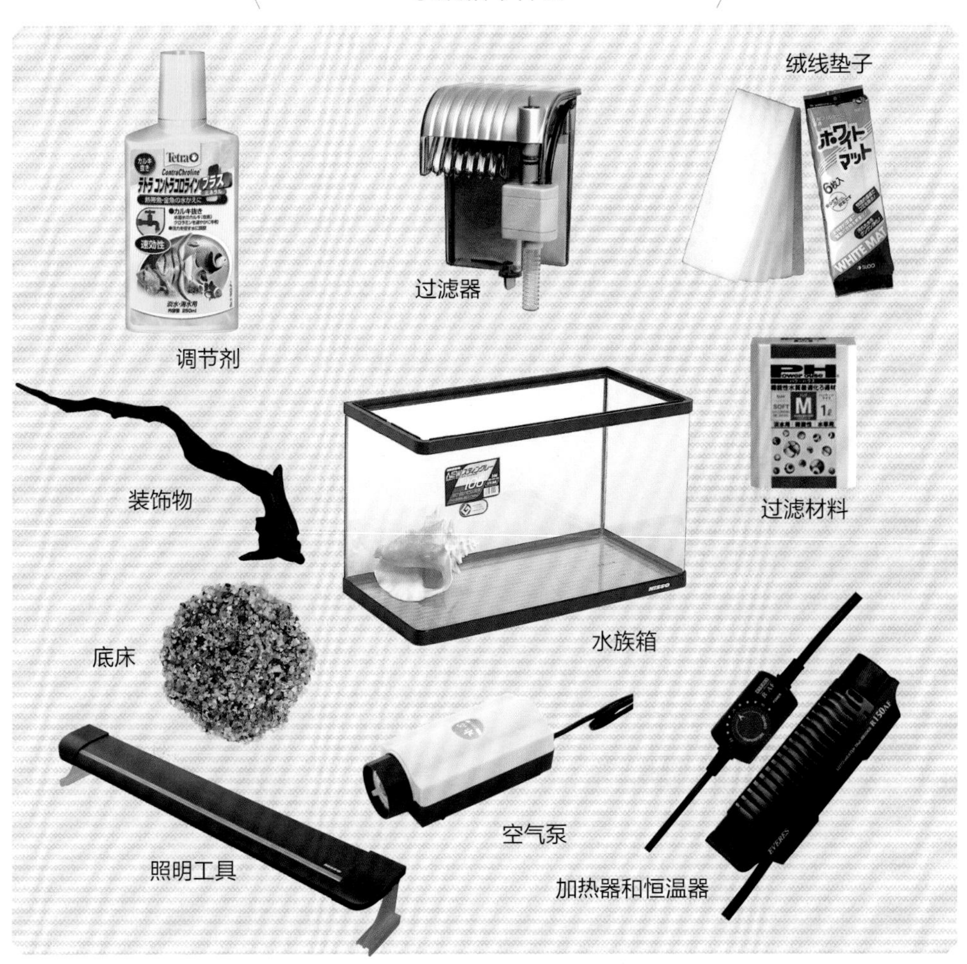

人气飙升 全套型水族箱

最近，一种配有最低限度必备工具的全套型水族箱很受欢迎。这种成套出售的水族箱比单独购买的水族箱会便宜许多，也不会出现大小和规格不合适的情况。要是觉得逐个挑选工具很麻烦，那么建议购买这种全套型水族箱，这样就可以迅速开始饲养热带鱼了。

集饲养热带鱼必备工具和 LED 照明设备为一体的 60cm 长的玻璃水族箱。106 热带鱼 β LED Edition。

过滤器

增加一些有用的细菌是很重要的

过滤器是过滤水中杂质，让水变得更干净的装置，其用途可分为两个。

一个是生物过滤，用过滤器中的过滤材料所繁殖的细菌把鱼类排泄物中的极有害物质氨转化为毒性较低的物质。另一个是物理过滤，即过滤水中不小心被一同吸入的垃圾。

生物过滤所用细菌叫作好气性细菌。这种细菌喜爱氧气充足、水流通畅的地方。所以如若能够满足两个条件：1. 有无数的细孔，不容易被堵住；2. 过滤器中水流通畅——就可以说是清洁力强的高品质过滤器了。

物理过滤是用棉花等过滤物过滤一些大的垃圾，但也有一些复合使用活性炭的一次性可替换过滤器，其适用于小型水族箱，对初级者来说也很方便。

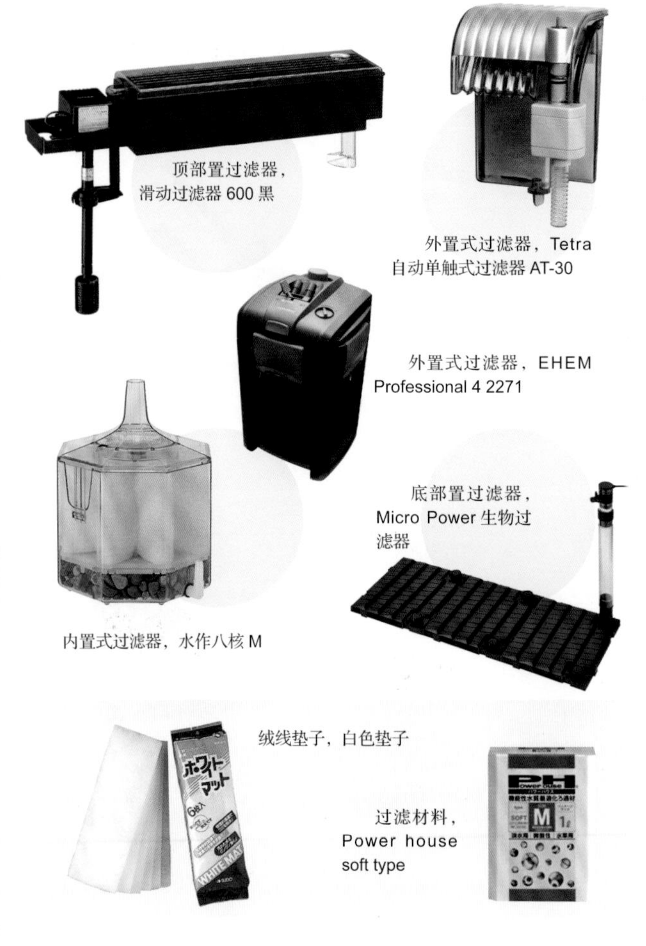

顶部置过滤器，滑动过滤器 600 黑

外置式过滤器，Tetra 自动单触式过滤器 AT-30

外置式过滤器，EHEM Professional 4 2271

底部置过滤器，Micro Power 生物过滤器

内置式过滤器，水作八核 M

绒线垫子，白色垫子

过滤材料，Power house soft type

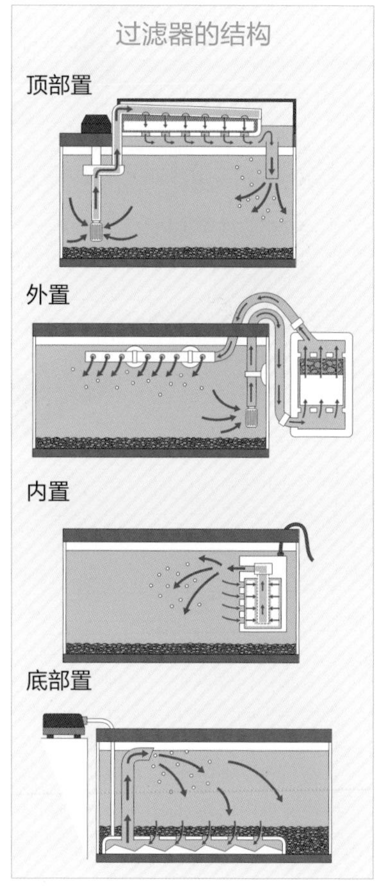

加热器

饲养热带鱼必备品

水族箱用加热器基本上都是先放在石英或陶瓷里，再直接放进水中。因此，有些大型鱼在暴躁时会破坏加热器或是被烫伤。建议在购入加热器时一同购入加热器罩，防止这样的事故发生。

下表所示，加热器的瓦特数必须和水族箱的尺寸成正比。

假设需要 200W 的加热器，建议购买两个 100W 的加热器。万一其中一个坏掉，另一个还能在一定程度上保持水温，安全性也较高。

最近，电子恒温器很受欢迎。电子恒温器的感应器可以感应水温，通过设置刻度就可以轻松控制温度。

此外，IC 自动加热器集加热器和恒温器的功能为一体，不管是对于初级者还是高级者而言，在水温管理上都是非常好用的设备。

最后，绝对不能忘记水温计。一旦加热器坏掉，就要每天用水温计测量水温。

小型水栖生物保温用加热器，防水板加热器 12W

恒温器 + 加热器，NEW PROTECT IC AUTO 200W

IC 恒温器，Seapalex 300NEO

IC 恒温器 + 加热器，自动加热控制器 R150AF

不同尺寸的水族箱所对应的加热器规格

水族箱尺寸(mm)	水容量(L)	加热器(W)
359×220×262	20	75
450×295×300	35	100
600×295×360	57	150
600×450×450	105	200
900×450×450	157	300
1200×450×480	220	500
1200×450×600	345	1 000

※ 水族箱尺寸 = 长 × 宽 × 高

照明

种有水草的话，尽量选择合适的照明灯

照明对于热带鱼来说并不是必需的。但是为了让水族箱和热带鱼都显得更加好看，就需要考虑购买适合所养热带鱼的照明灯。此外，水草在没有光照的情况下无法进行光合作用，因而会枯萎。所以考虑到水草的生长，建议使用水草专用照明灯。

照明灯大致可分为荧光灯和 LED（发光二极管）灯两种。过去很流行的荧光灯，一般包括以下两种：比普通灯亮一些、光波能发出数段长短波长的高演色三波长荧光灯和适合水草进行光合作用的水草专用灯。虽然植物专用灯对于植物光合作用来说很合适，但是因为光照角度较偏，所以最好还是和其他比较明亮的灯配套使用。另外，要注意这种灯并不适合红色水草。

LED 灯现在很流行，因为比起荧光灯，它更加省电，灯泡的寿命也很长，性价比高，还可以自由选择照明亮度，作为装饰来说实用性很高。

不管是 LED 灯还是荧光灯，都有各自的特征。根据自己的需要选择即可。

另外，虽然肉眼不太能看得出来，但是水族箱的玻璃会吸收光量。要想保持水草蓬勃生长的状态，就要细心擦拭玻璃，保证玻璃洁净。

可以营造出水的光泽和透明感，PG SUPER CLEAR 600

和顶部置过滤器搭配也很相得益彰，可以让水族箱内变得五颜六色的 LED 灯，Liner 600 Black

设计小巧的水草和热带鱼专用灯，AXY SWAN LED

可摇头，可随意转换角度的 LED 灯，ECO SPOT FREE

水草和热带鱼专用灯，TetraLED 平板灯 LED-FL

空气泵

空气泵是补充氧气的动力源

空气泵是将空气强制性输送进水族箱的工具，主要为底部输送空气，是底部置过滤器的动力源。当然，空气泵也承担着向水中输送氧气的作用，适合用在热带鱼数量较多的水族箱。

以前空气泵工作的声音非常刺耳，最近生产的空气泵已经没有那么多噪声了。

另外，空气泵的压力值是对应水族箱高度的，所以要根据自己水族箱的高度来选择空气泵。

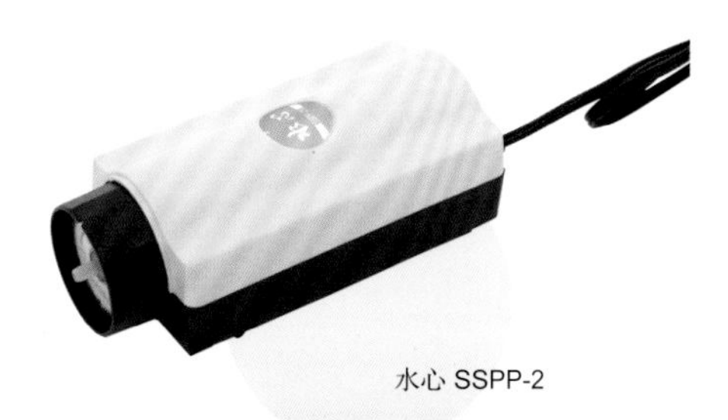

水心 SSPP-2

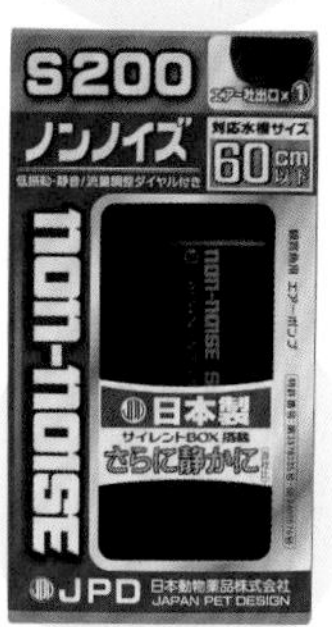

无噪声 S-200

背面清洁贴纸

一种能让水族箱更美丽的宝物

好不容易把水族箱布置得美美的，如果背景杂乱就会前功尽弃。所以在把水族箱贴墙放置的时候，为了遮挡墙面，可以在背面贴上清洁贴纸，整个水族箱看上去就会井井有条。

现在市面上不仅有黑色、蓝色灯单色贴纸，还有水草布置专用贴纸，各式各样，应有尽有。巧妙使用这些贴纸，甚至可以轻松改变水族箱风格。

水族箱壁纸

※ 水族箱另售

照片屏 90 水草（上），3D 屏 Amazon 600（下）

底床

看不见的底床砂却承担着重要的作用

乍一看底床砂是随意铺设的，但对于热带鱼和水草来说却意义非凡。底床砂可以净水，稳定鱼的情绪并帮助水草生长。底床砂的种类不同，对水质的影响也不同，其在水族箱中所起的作用是非常重要的。现在，市面上出售的底床砂有很多种，最多的便是水草专用砂。

大矶砂是热带鱼饲养用底床砂的代表性砂子。大矶砂是直径为 3~5mm 的细砂粒，几乎不影响水质，适用于大部分淡水鱼和水草，适合初级者。

硅砂是观赏鱼专用砂，很少会影响水质。砂子本身很硬，也可以用作过滤材料，一般来说，适用于大部分的鱼，可以说是万能的底砂。

另外，最近市面上也出现了陶制、树脂和玻璃制等各种各样的底床砂。陶制砂颜色多样，可以根据水族箱风格来挑选。对水质完全没有影响，可以放心使用。

另外，树脂和玻璃制底砂做装饰用，可以打造出独特而华丽的水族箱。不过这种材质的底砂表面较平滑，不太适合作为铺在底部置过滤器上面的过滤材料。

植物专用底床砂被称作“土壤”，像极细沙土一样，现在市面上出售的种类也有很多。虽然都适用于水草生长，但是根据种类不同，使用方法及其对水质的影响也不同。最好向店员询问清楚，了解每个种类的使用方法。

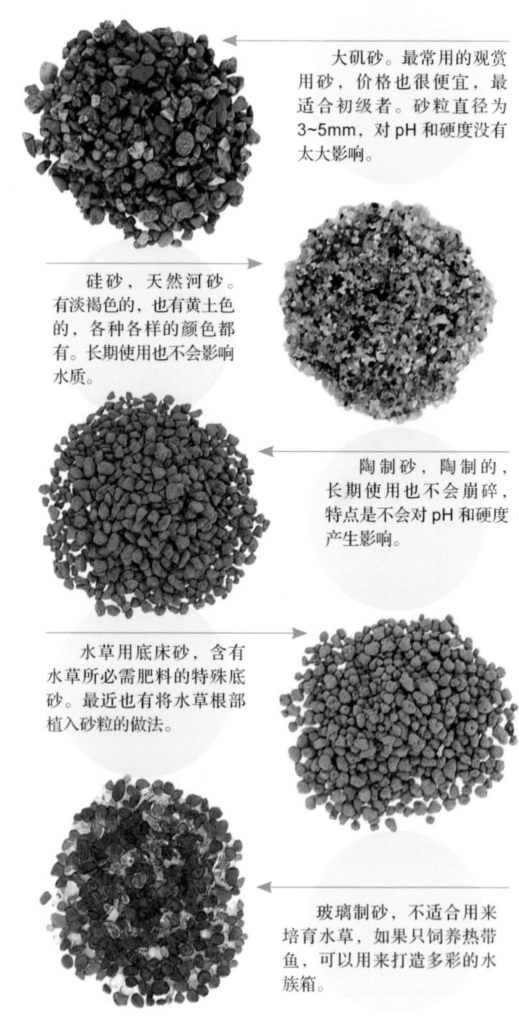

大矶砂。最常用的观赏用砂，价格也很便宜，最适合初级者。砂粒直径为 3~5mm，对 pH 和硬度没有太大影响。

硅砂，天然河砂。有淡褐色的，也有黄土色的，各种各样的颜色都有。长期使用也不会影响水质。

陶制砂，陶制的，长期使用也不会崩碎，特点是不会对 pH 和硬度产生影响。

水草用底床砂，含有水草所必需肥料的特殊底砂。最近也有将水草根部植入砂粒的做法。

玻璃制砂，不适合用来培育水草，如果只饲养热带鱼，可以用来打造多彩的水族箱。

装饰物

能为你解决紧急情况的便捷物

在购买和移动热带鱼的时候，你一定需要一张捕鱼的网。尽可能准备柔软、网眼较小，适合热带鱼和水族箱的网，准备 2~3 种即可。

被称作塑料箱的塑料制小型容器，用来暂时放置热带鱼非常方便。在捕捞容易受伤的鱼的时候，可以将塑料箱沉进水里，用网将鱼赶到箱子里，这样就可以将它们安全地捞上来了。

装饰物方面，既有像流木和岩石块这样的天然装饰，也有塑料和陶制的人工装饰。天然装饰有可能对水质造成影响，最好使用在商店里出售的专用装饰物。

颜色和流木、石块及水草都很搭配的多功能正方体玩具

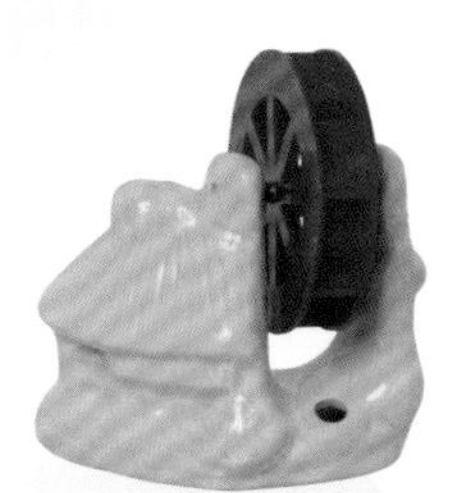

屋顶水车（小），在茅草屋顶上滴溜溜转的水车

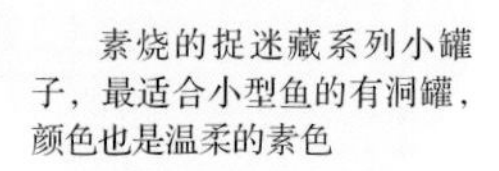

素烧的捉迷藏系列小罐子，最适合小型鱼的有洞罐，颜色也是温柔的素色

清洁用品

让水族箱保持干净的必需品

要清理附在玻璃面上的苔藓，既有无须费多大力气就可以清除苔藓的专用海绵，也有可以伸到手伸不到的地方清理的带柄海绵。不过，树脂制水族箱很容易出现划痕，最好选择材质比较柔软的清理工具。要想清除黏附在玻璃水族箱上的难缠苔藓，塑料制的刮刀是最佳选择。

可以一边清洗底床砂、一边换水的专用清洁工具对大矶砂等砂粒很有效果。另外，对于水草茂密的水族箱，最好要准备专用的剪子、小镊子、小夹子等。

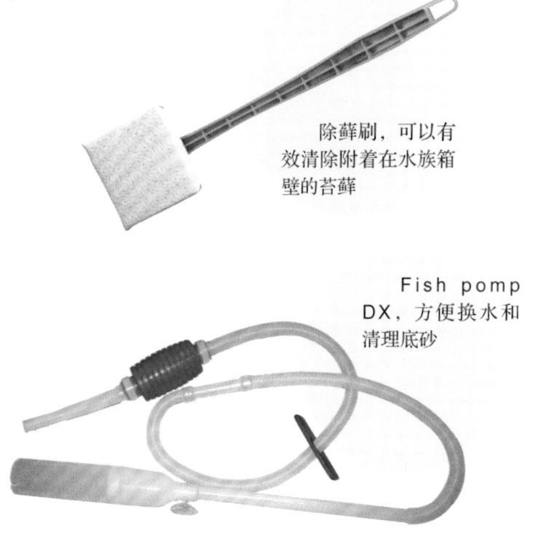

除藓刷，可以有效清除附着在水族箱壁的苔藓

Fish pomp DX，方便换水和清理底砂

调节剂

巧妙使用调节剂，可以提高你的饲养技术

调节剂可以把自来水水质调节到适合热带鱼生存的水质。水质调节剂有很多种，最常用的就是自来水氯中和剂。

中和剂分为粒状和液状。建议初级者使用液体中和剂，其比较好测量。

除了氯中和剂之外，现在市面上出售的还有可以处理其他有害物质的综合水质调节剂。

生活在特殊水域的鱼种，以及处于产卵期的鱼种都需要改变饲养水的水质。这种情况下，可以使用改变pH和硬度的调节剂，但是每种调节剂的使用方法都不一样，要仔细阅读使用说明。

要想知道调节后的水质是否达标，可以用测试器进行测量。pH测试器效果同石蕊试纸一样，其测试数值用数字表示，使用方法比较简单。

另外，pH测试器也可以有效确认水质是否恶化，在饲养特殊鱼种的时候，务必要准备一个，以便进行定期测值。

Zicra Water 热带鱼用，含有海洋性硅藻土的过滤材料，通过培育细菌来防止水质恶化

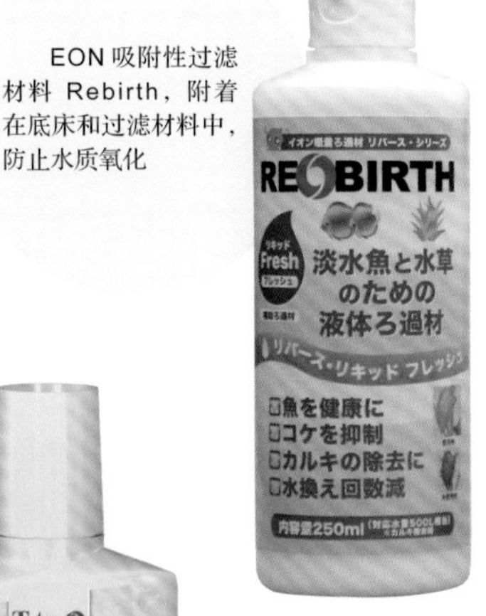

EON 吸附性过滤材料 Rebirth，附着在底床和过滤材料中，防止水质氧化

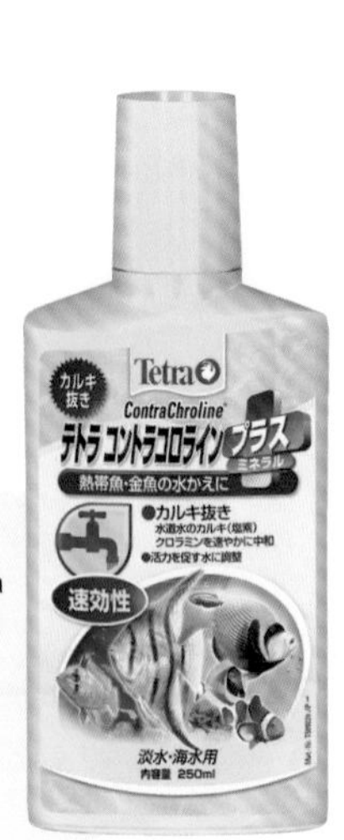

Tetra Contra Chroline，可以去除自来水中所含氯的毒性

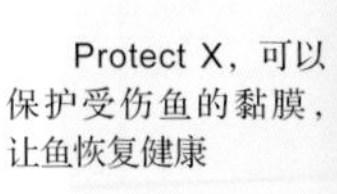
Protect X，可以保护受伤鱼的黏膜，让鱼恢复健康

[第 4 章]

水族箱的一星期打造计划

水族箱设计并非一朝一夕就能完成。
只有做好充足的准备，才能让热带鱼一开始就生龙活虎地游动。
接下来我将为大家介绍水族箱的一星期完全打造计划。

一星期打造计划

着急是大忌！请按照正确的顺序慢慢来！

终于到了介绍水族箱设计的时候了。可以说，基本操作的成功与否决定水族箱的设计走向。所以一定要按照正确的顺序认真布置。

充分考虑水族箱的放置地点

一旦决定饲养热带鱼，当然会想要立刻购买水族箱和热带鱼。但是在实际购买之前，一定要做好万全的准备。

首先就是考虑水族箱的放置地点。

放入水和底砂后，水族箱的重量会超乎想象。62cm 长的水族箱在装备齐全之后约有 70kg，相当于一个成年男性的体重。要想承受这样的重量，就需要一个结实的承重台。

如果把水族箱放到柜子或是鞋架等家具上，受重量影响可能会出现家具门无法打开的情况。所以需要事先确认好放置地点。

其次，必须保证承重台完全平坦。哪怕有一点凹凸不平，都可能导致水族箱底部破裂，出现漏水的情况。最好还是使用水族箱专用承重台。

饲养热带鱼时特别要注意水温管理，所以水族箱适合摆放的地点是温度变化小、且无阳光直射的地方。如果放置在飘窗上，一定要准备遮光帘，避免受阳光直射。

最后，因为一个月需要换好几次水，所以放置在离水龙头近的地方会比较方便。

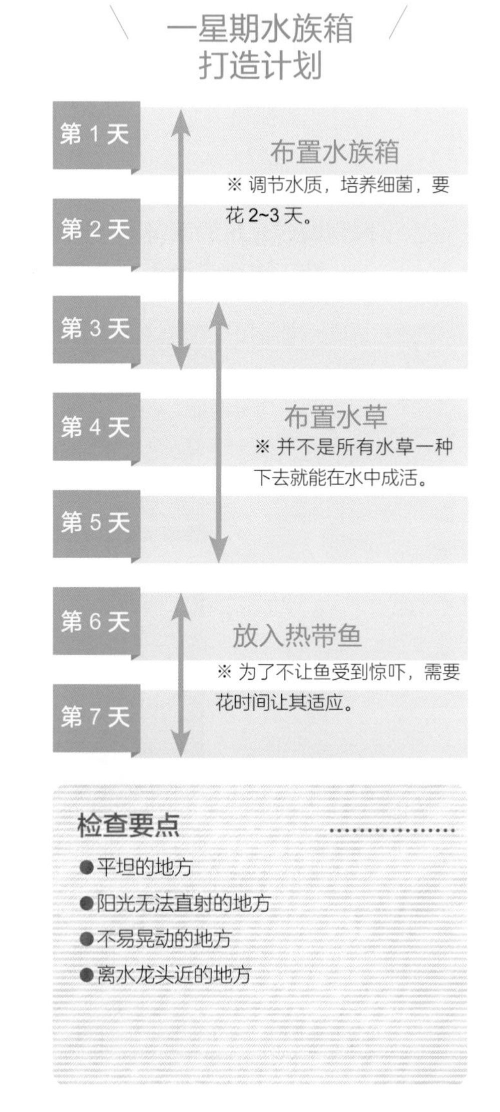

第 1~3 天

布置水族箱

1. 清洗水族箱和工具

在浴室等地方清洗水族箱和工具。刚购入的设备里带有垃圾和脏东西，不能直接注水使用。

清洗水族箱的时候，绝对不能用洗涤剂。

2. 贴背面清洁贴纸

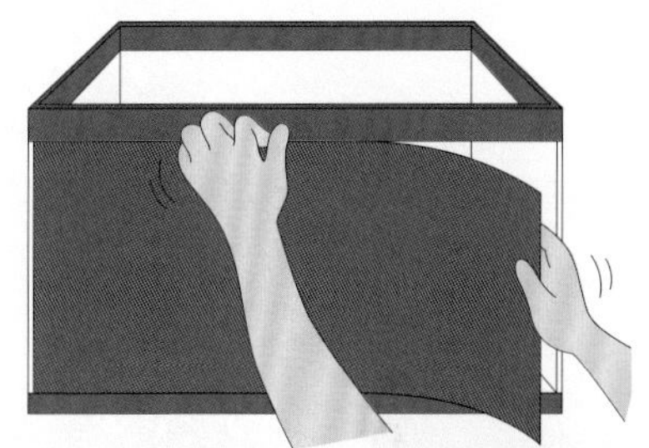

要想不露出水族箱背面，打造个性的水族箱，可以挑选风格一致的背景贴纸贴上。

在水族箱下面垫上薄薄的发泡聚苯乙烯板，不仅可以防止划伤，还可以保温。

3. 清洗底砂

将大矶砂和五色砂放在桶里，像淘米那样淘洗。用混合抓洗的方式清洗珊瑚砂和硅砂，把脏东西洗掉。

清洗土壤及水草专用砂时会洗掉里面的营养物质，因此要遵照使用说明。

4. 布置底砂

如果要使用底部置过滤器，需要先安装好，然后在上面慢慢放入清洗过后的砂粒。

5. 弄平底砂

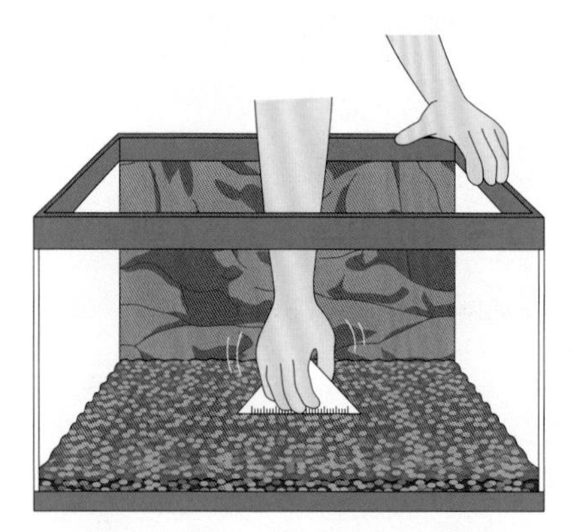

使用三角尺等工具，把放入的砂粒弄平。

6. 安装过滤器

根据水族箱来决定顶部放置过滤器的位置，仔细阅读说明书后再进行安装。

要点

根据形状不同，过滤器安装方法也有所不同，请按照说明书安装。

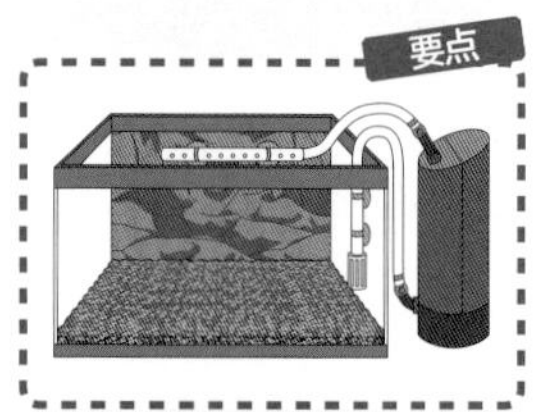

7. 放入过滤材料

把过滤材料放在水中认真清洗之后，再放置到过滤器中。

8. 铺上绒线垫子

为了不让过滤材料间留有空隙，要铺上绒线垫子。

9. 安装空气泵

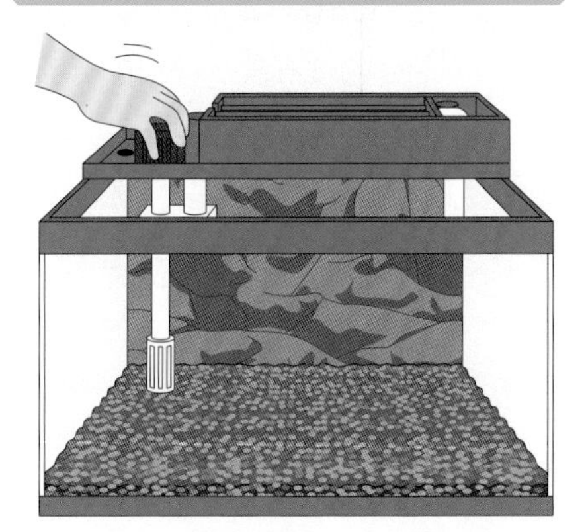

安装空气泵的时候，一定要确保排水口准确地伸到过滤层中。

10. 安装加热器

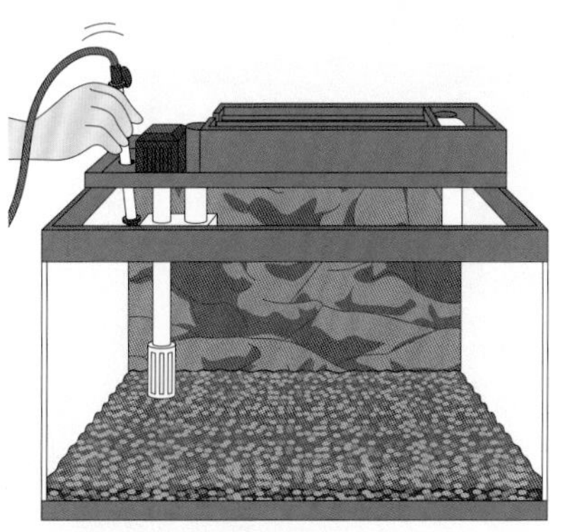

采用顶部置过滤器时，空气泵的侧面会有小孔，可以将加热器从小孔里伸进去。暂时不要通电。然后尽可能地使恒温器的感应器远离加热器，并固定在水族箱的中部。

要点

如果加热器没有罩子，可以将其轻轻地埋在底砂里。

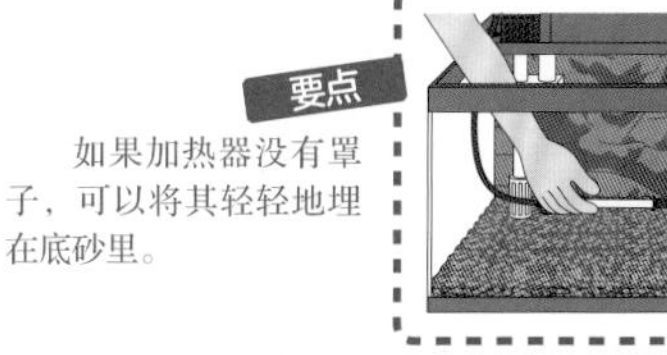

11. 安装温度计

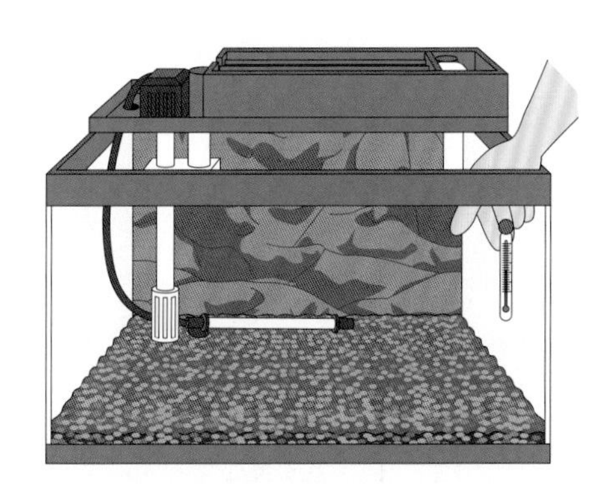

每天都要测量水温，最好将温度计固定在可以清楚看见的地方。

12. 放置装饰物

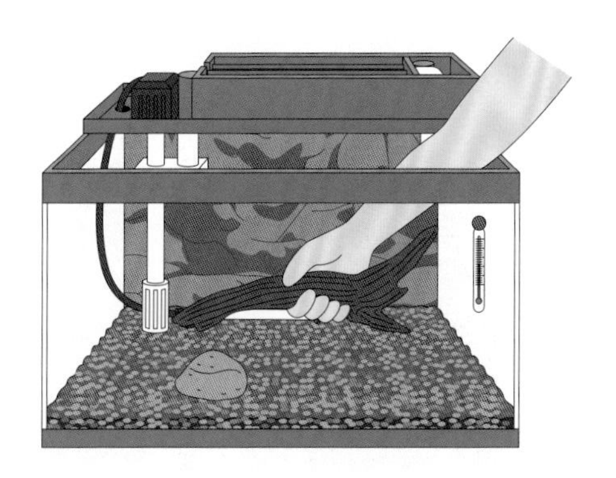

放置流木、岩石块等进行装饰。放置时不要忘了考虑水草的栽种位置。

布局设计技巧（一）

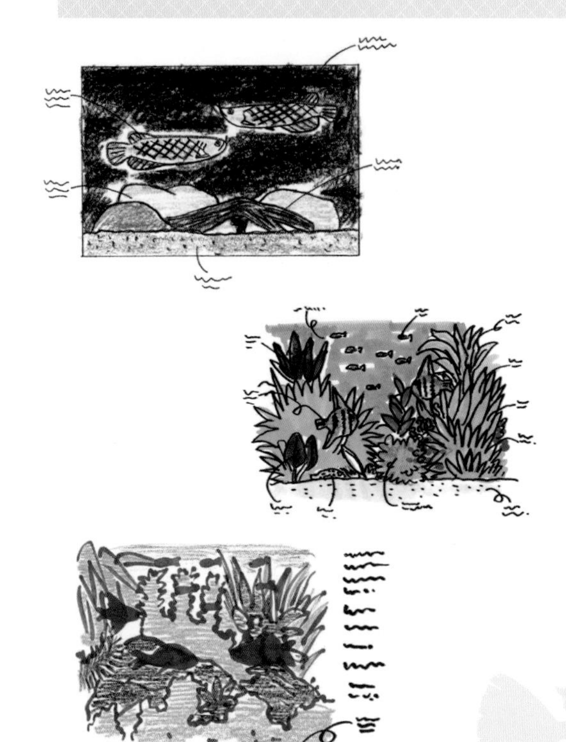

尝试画出自己理想水族箱的设计图

布置水族箱的时候，最重要的就是明确自己想要的风格。这时候可以看一些专业杂志上的成图，或是借鉴商店里设计好的水族箱，一旦有心仪的风格就及时记录下来。另外，要是想设计自己理想的风格，可以尝试把它画下来，画得不好也没关系。可以试着画一下整体布局图、俯视图，并记下大致的安排、种植的水草种类等。详细记录问题点和必需装饰物，可以尽可能避免失败。

不可以用在水族箱内的材料

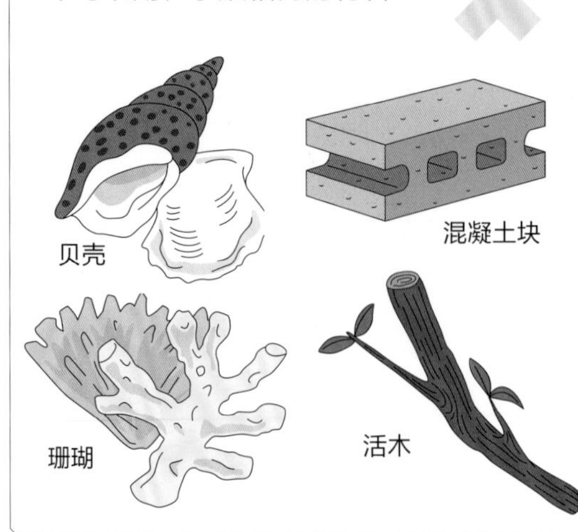

尽管有一些材料和水族箱风格十分搭配，但也要注意有一些材料是不能使用的。

首先就是珊瑚和贝壳。放入这些东西之后，会使水质碱化，不适合偏好中性及弱酸性水的热带鱼。其次，也不可以使用混凝土和石灰岩。活木和合成板会产生有害物质，也不可以使用。

另外，流木是水族箱常使用的装饰物，但经常没有去掉涩液，购买时要进行确认。

布局设计技巧（二）

制作有立体感的水族箱吧

想必许多人都会羡慕摆在商店里的水族箱的立体感。只要有塑料板、黏着剂和纱网，初级者也可以打造出这种立体感。制作方法很简单。在底砂上铺上塑料板作堤防，再搭建出落差感就可以了。至于黏着剂，采用硅制树脂填充剂可以减少毒性，使用起来比较放心。不管哪一种材料都可以在市场上买到，初级者可以在布置水族箱前挑战一下。

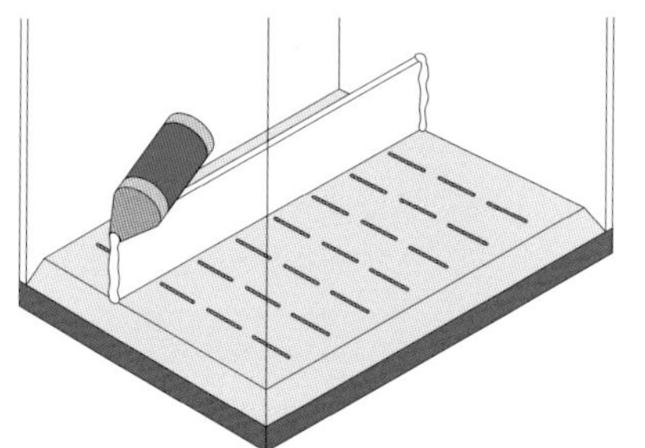

①在水族箱底端，底部置过滤器的上面竖起一块塑料板，做成堤防。板的两端用黏着剂黏在玻璃上。

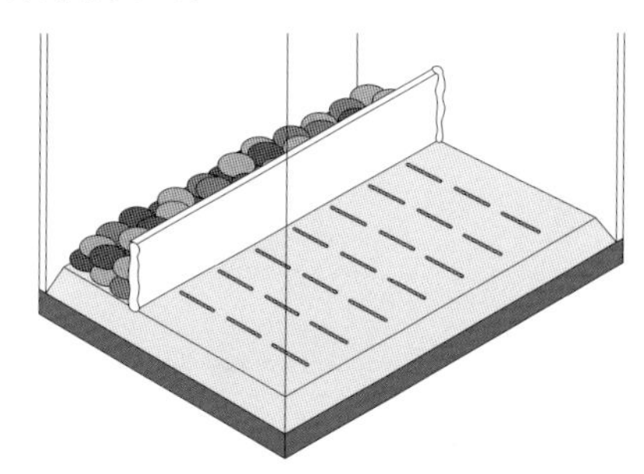

②为使水流通畅，可以在被塑料板隔开的前半部分并排放置较大的圆石头。

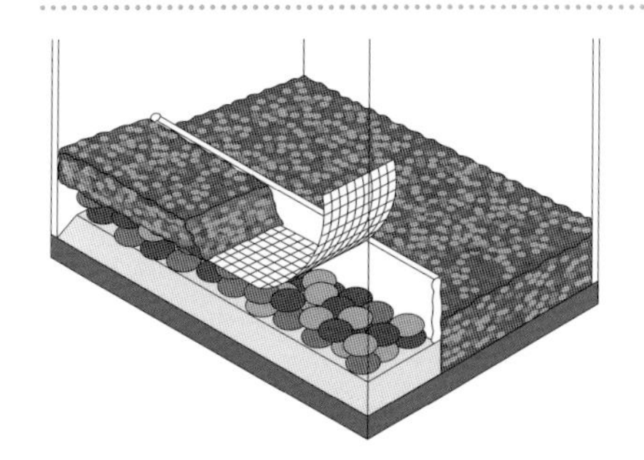

③在被隔开的后半部分铺上砂粒，给前半部分铺砂粒的时候，为避免砂粒和石块混合在一起，可以在石块上铺上一块纱网后再铺砂粒。

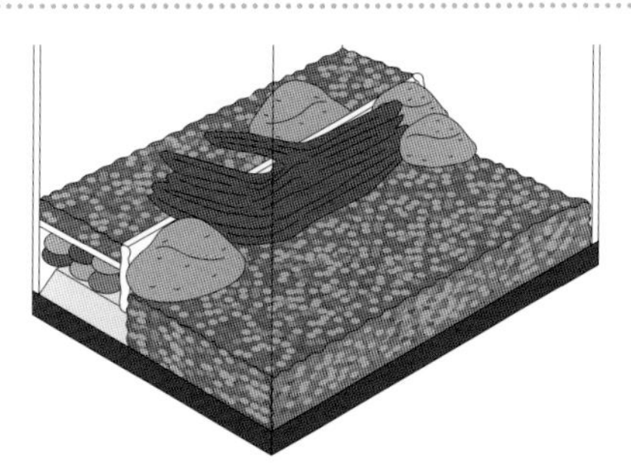

④在塑料板的前面放置岩石和流木，保证从前面看的时候看不到堤防；最后再铺上水草即可。

13. 注入八成水

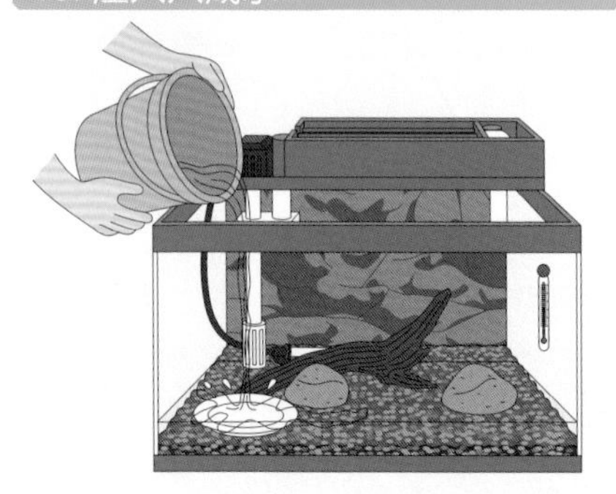

在水族箱内铺上盘子，慢慢注入水，防止水流卷起底砂。

要点

要是担心水变浑浊，可以在水族箱内放两根软管。一根吸水、一根注水，同时工作，这样就不必担心水变浑浊了。

14. 盖上玻璃盖

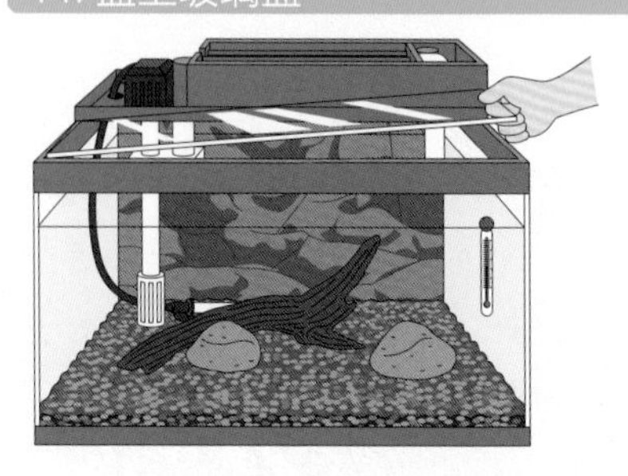

在保证水温高的情况下，水族箱里的水很容易蒸发。为了防止蒸发，要及时盖上玻璃盖。

要点

有的鱼很擅长跳跃。玻璃盖还能防止鱼跳出水族箱。

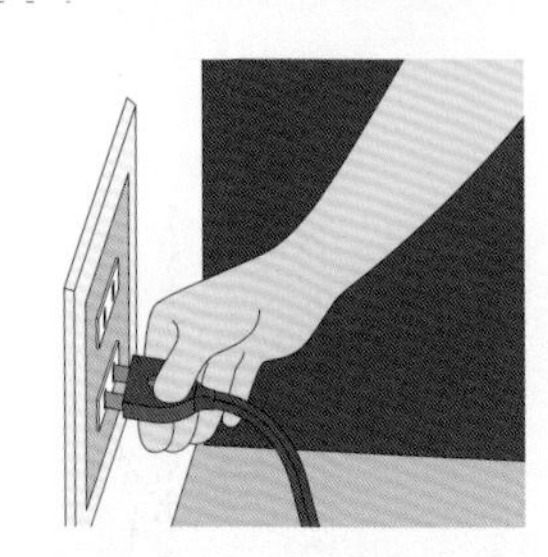

15. 安装照明设备

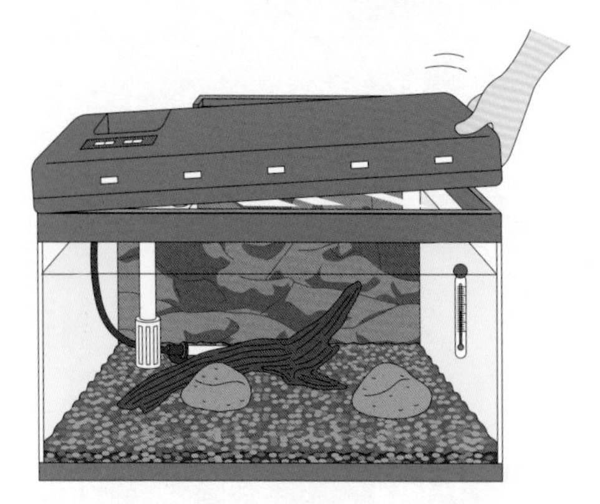

如果照明设备安装得不好，可能会掉下来造成鱼儿受伤，所以一定要确认是否安装牢固。

16. 接通过滤器电源

确认过水流正常、水也不会溢出之后，要小心翼翼地将水注满，然后接通恒温器的电源。

要点

恒温器温度设置成热带鱼所需要的温度，并确认当水温低于这一温度时，恒温器的指示灯是否会亮起（根据产品不同，提醒方式也不同）。

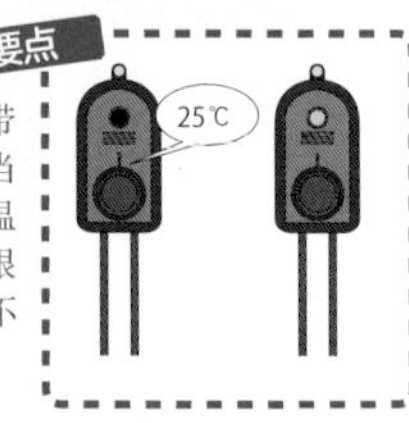

17. 启动加热器

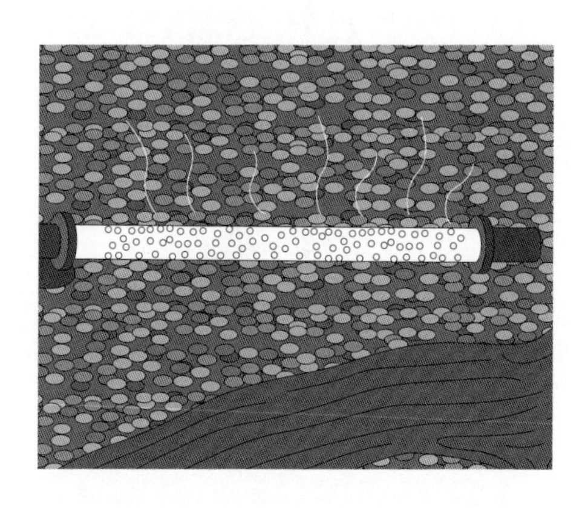

加热器开始工作之后，若水温比设定温度低，不久之后，水中就会出现气泡。所以一定要进行确认。

18. 启动空气泵

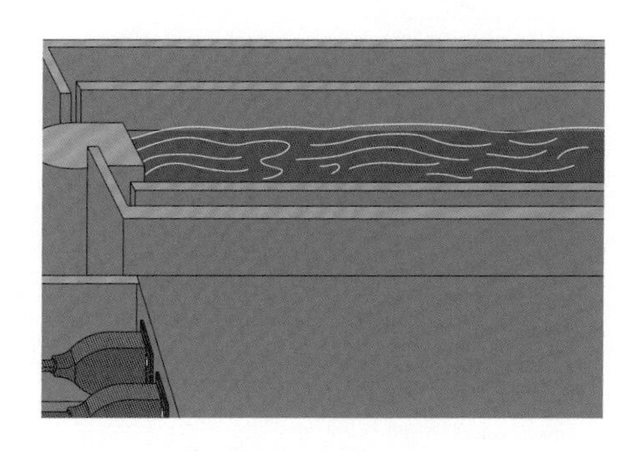

我们可以通过空气泵确认水流是否达到一定的强度。如果没有水流，可以根据水位是否达到空气泵上的水位线来进行确认。

19. 结束水族箱的布置

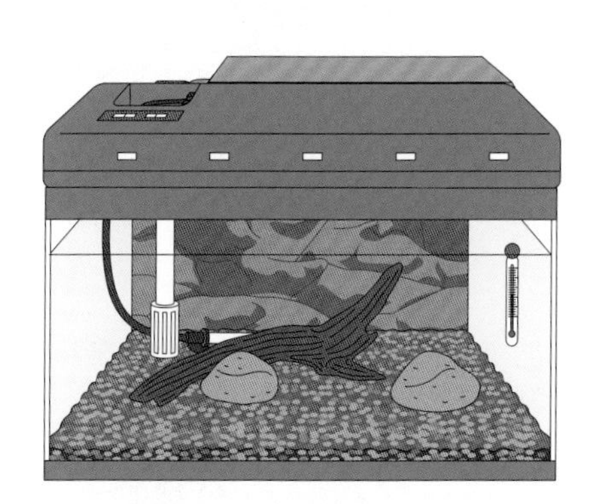

每隔一个小时就观察一下温度计，确认水温是否达到设定温度。这大约会花费半天的时间。

20. 放入细菌

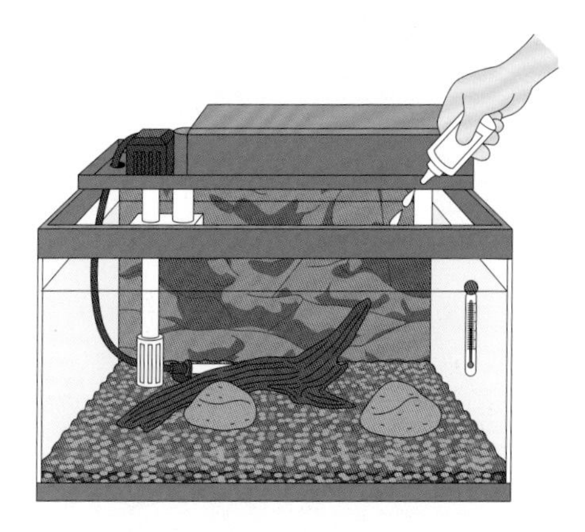

往水里添加必要的水质调节剂和漂白粉去除剂，也可以在这时候放入过滤材料。

第 4 ~ 5 天

布置水草

种植水草前的准备工作是非常重要的。小心准备，别让水草受损。

1. 把水草从瓶中取出

硬拔水草时水草容易受损，一点点地拿出来就好。

若是连瓶售卖的水草，先把水草从瓶子里拿出来。

2. 取下根部保护棉

用手指慢慢去除根部保护棉。根部保护棉嵌在比较小的地方时就用小镊子去掉。

3. 修剪根部

莲座叶丛型长长的根须容易在水族箱内腐烂，所以要剪掉。注意不要剪掉根的生长点。

4. 从水族箱后方开始种植水草

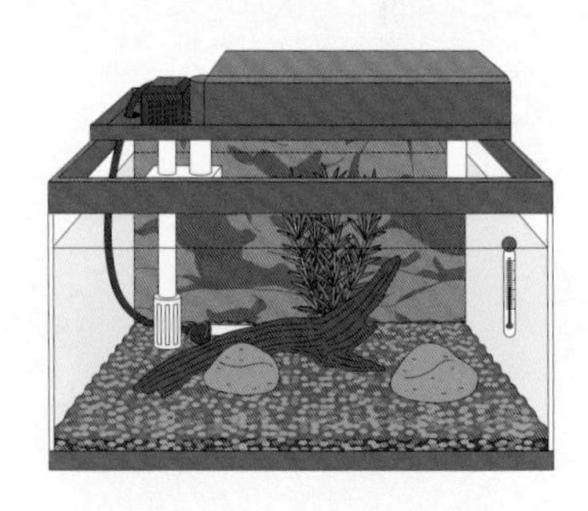

先在后景种下比较高大的水草，然后种植一些别的水草。

要点

如果是前景比较精致的水族箱，从最后面开始种植水草可以给人整洁干净的感觉。

5. 摘掉标记牌

取下水草上带有的标记牌，然后摘掉折断或枯萎的叶子，把水草一株一株地种在浅口盘或小碟子里。

水草种植技巧

水草主要分为茎上生叶的有茎类水草以及像菠菜那样的莲座叶丛类水草。这两种水草不仅外表不一样，种植前的准备工作以及种植方法也不一样。因此，要根据种类的不同来选择方法。

有茎类水草的种植方法

1. 用水洗干净

刚买来的水草茎叶表面会混杂很多细菌、贝类的卵和幼虫，要在桶里小心地洗干净。

2. 剪掉受损的部分

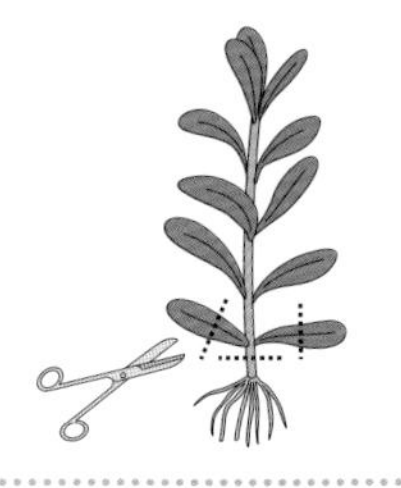

剪掉叶子受损的部分以及下边的茎。从最底部的茎节（如果折损或腐烂就挑选最下面的、好的茎节）下边一点剪断，按照长短顺序把水草放在浅口盘或小碟子里。

3. 用小镊子种植水草

用小镊子夹住水草的下端，一株一株地种入底砂。只有镊子尽量和茎保持平行才可以顺利种植。

4. 平整底砂

为了防止栽种后的水草松动，要把周边底砂弄平。

莲座叶丛类水草的种植方法

1. 用水洗干净

刚买来的水草茎叶表面会混杂很多细菌、贝类的卵和幼虫，要在桶里小心地洗干净。

2. 剪掉受损的部分

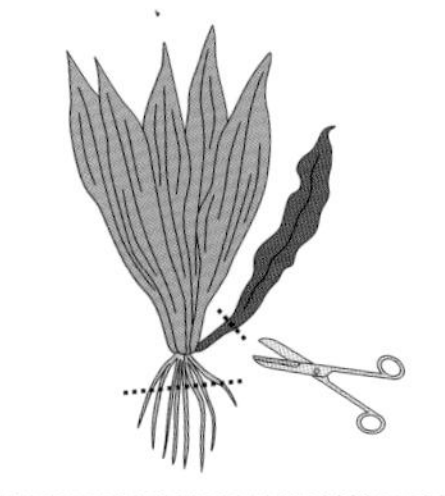

剪掉枯叶和折断的叶子，根部仅留 2~3cm，其余全部剪掉。要拿掉根部附有的小螺类生物。

3. 在底砂挖坑进行种植

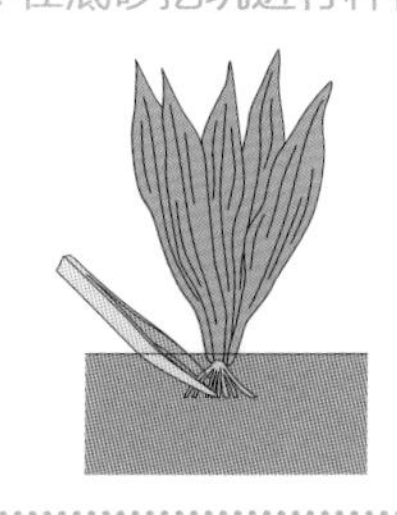

在底砂挖一个小小的坑，在根部不受损的前提下种下水草，保证根部被底砂覆盖。

4. 在根部附近放入固体肥料

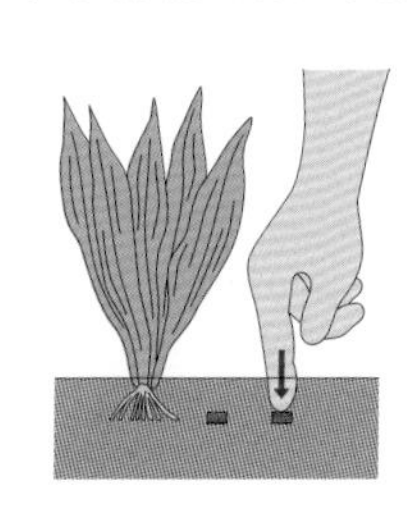

莲座叶丛类水草无法通过叶子来吸收养分，最好在根部附近放入固体肥料，这样水草就能茁壮生长了。

关于水草

挑战烘托气氛能力满分的苔藓种植

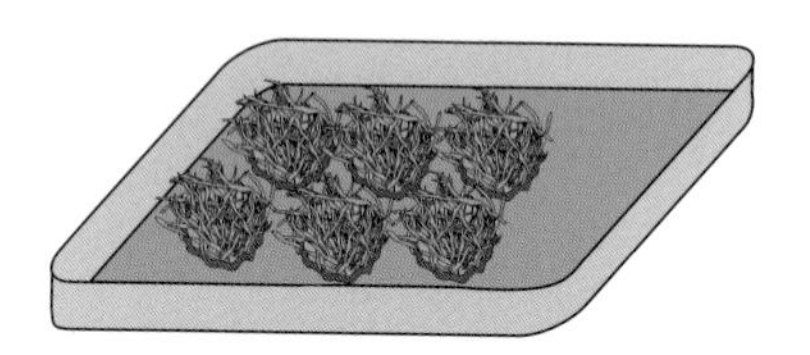

①准备好干净的苔藓和流木。先把苔藓放进有水的浅口盘里，避免苔藓干掉。

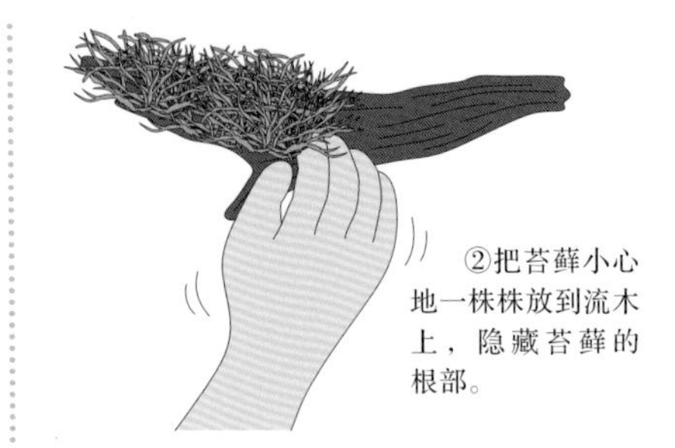

②把苔藓小心地一株株放到流木上，隐藏苔藓的根部。

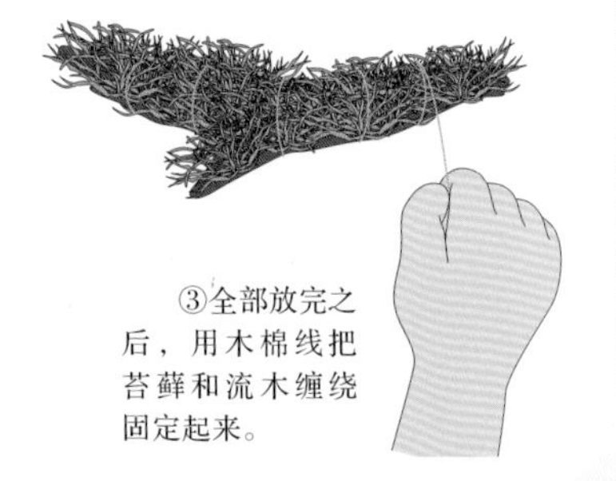

③全部放完之后，用木棉线把苔藓和流木缠绕固定起来。

④苔藓种类不同，在水中成活前所需时间也不同。可以使用喷雾器加快它们对水的适应速度。

制作令人印象深刻的水草流木

①把水草从盘子里取出来，做好准备工作并进行修剪。

②把水草放到流木上，确定要栽种的位置。

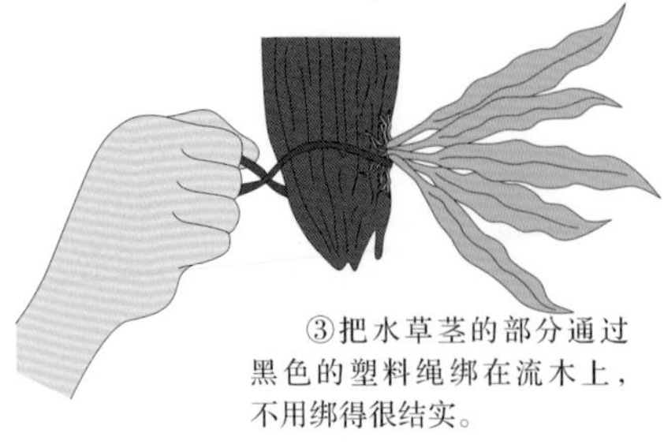

③把水草茎的部分通过黑色的塑料绳绑在流木上，不用绑得很结实。

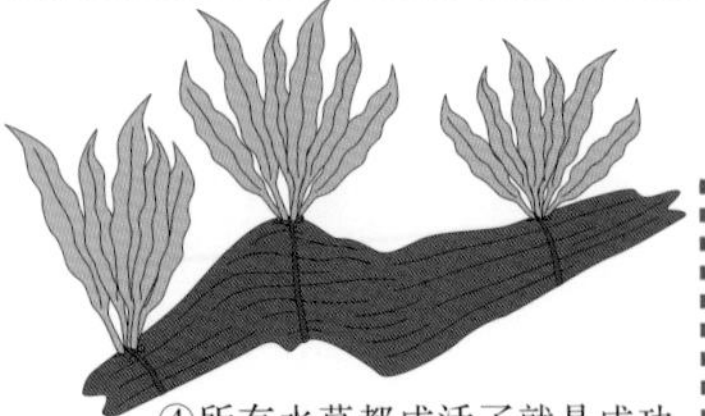

④所有水草都成活了就是成功了。成活需要花费 1~2 个月，成活后就可以将塑料绳拆除。

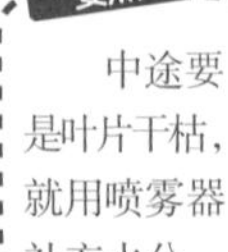

中途要是叶片干枯，就用喷雾器补充水分。

第 6 ~ 7 天
放入热带鱼

主角终于要登场了。不过还是那句话，着急是大忌！把热带鱼放进水族箱里也有许多需要注意的问题。

从商店到家里的注意点

从商店把鱼带回家的时候必须要注意的就是温度问题。冬天和夏天的时候，如果商店距家很远，最好把热带鱼放在发泡聚苯乙烯箱子里或冰块箱子里。另外，不要忘了告诉店员从买下热带鱼到放入自家水族箱内需要多少时间。

1. 让装有热带鱼的塑料袋浮在水族箱内

为了让袋子中的温度和水族箱内的水温一致，需要将袋子浮在水族箱内 30 分钟左右。注意别让袋子触碰到正在运行中的照明设备。

2. 把水族箱中的水倒入袋子

水温一致后，向袋子一点点地注入水族箱中的水，让热带鱼慢慢适应水族箱的水质。

3. 不断重复这一动作，耐心等待

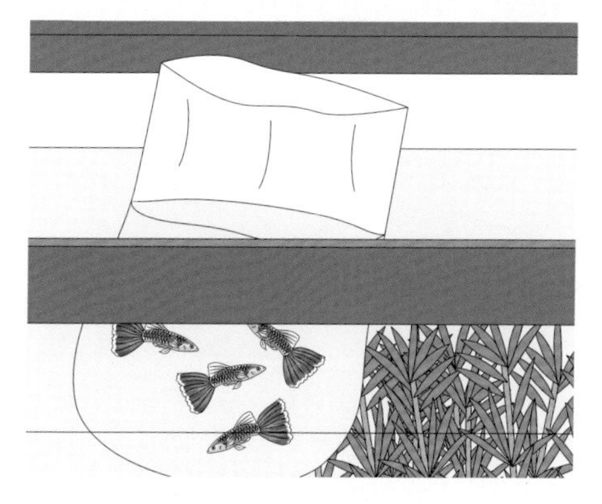

虽然准备好了热带鱼偏爱的水质，但热带鱼也有可能出现休克状态。重复向袋子中注水的动作，耐心观察等待一会儿，直到鱼的状态完全无恙。

4. 把鱼移动到桶里

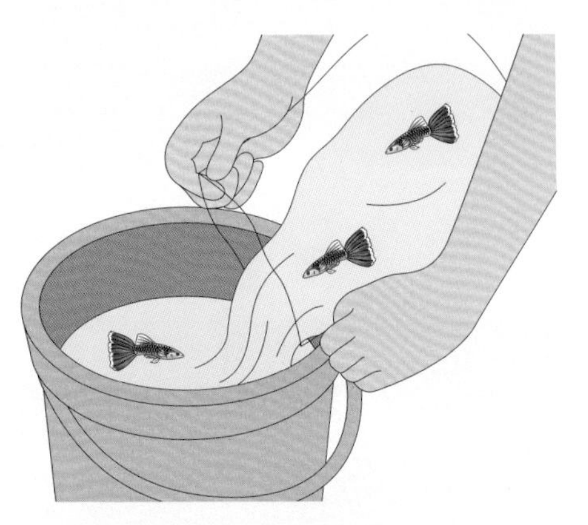

待塑料袋中的水温和水族箱的水温一致后，就可以把鱼移动到桶里。因为袋子中的水含有细菌和脏东西，不可以直接倒入水族箱。

5. 只把鱼放入水族箱

用网捞起鱼，单独把鱼放进水族箱中，这时候要注意不要让捕网伤到鱼。

6. 水族箱打造完成

经过一星期的时间，水族箱终于打造完成了。对于饲养热带鱼的人来说，这可以说是期盼已久的瞬间了。但是对于热带鱼而言却是来到了一个新的环境，可能会有些敏感。所以在一段时间内最好不要打扰它。给热带鱼投饵的话，也要让它们先安静下来。一切饲养标准都是从第二天开始执行的。

要点

在水族箱内加入新的热带鱼之后，原来的鱼可能会攻击新来的鱼。在水族箱照明设备全部关闭、看不清周围的情况下放入新的热带鱼，就能平安无事了。

第 5 章

水族箱设备的保养

要想享受到百分百的饲养乐趣，每天进行保养、维护是必不可少的。
不要忘了热带鱼和水草都是“生物”。

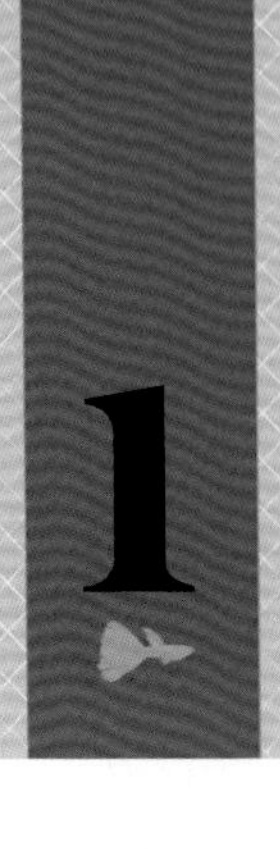

日常保养

每天的日常管理是饲养热带鱼的基础

终于要开始饲养热带鱼了。能够准备好适合热带鱼的环境就是饲养热带鱼的关键。小问题日积月累就会变成大问题，所以一定要尽快掌握日常管理的诀窍。

饲养热带鱼绝不是投喂鱼饵这么简单

说起动物饲养，最先想到的便是喂食。对于生活在水族箱中的热带鱼来说，水族箱配套设备能正常运作和合适的水温、水质是同样重要的。那么，水族箱设备的日常管理究竟是什么样的？

首先，早上起床之后要打开照明设备。水族箱一天的照明时间最好在12~14h。不仅要保证照明时长，为了不给热带鱼带来紧张感，最好还要固定开灯和关灯的时间。如果因为工作关系无法保证作息规律，可以使用定时自动开关设备。

接下来就是查看温度计，检查水温是否保持恒温，也别忘了检查过滤器是否在正常运作。

由于空气泵等无法拆卸，我们可以通过听发动机和空气泵声音是否有异常来查看其工作情况。

打开照明设备，待鱼儿平静下来之后就可以开始喂食了。这时候要观察热带鱼吃鱼饵、游动时的样子以及体表是否正常。

不要忘了保养设备

日常检查做到以上几点即可。接下来是设备的保养时间和保养方法。

首先，过滤器是从饲养热带鱼开始就不能关闭的设备，所以一定要尽早发现发动机和空气泵的异常。设备工作声音异常、功率下降，都是设备损坏的前兆。为了尽早发现异常，一定要仔细听设备的声音，并检查水是否浑浊。

当然，从设备损坏到买到新设备还需要一段时间，所以一定要准备备用空气泵。

其次，水族箱内种有水草时，枯叶常常会堵住过滤器的吸水口，要仔细清除这些垃圾。如果没有办法频繁清理，可以在过滤器的吸水口上再安装一个前置过滤器（适用于外置式过滤器）或连接一个底部过滤器（适用于顶部置过滤器）。

如果恒温器在水中的感应器被苔藓覆盖，其感应力就会下降，一定要用纱布定期清理。

如果出现感应器未被苔藓覆盖但温度却不稳定的情况，可能是感应器自身出了问题。要确定感应器是否出了故障，就要每天用温度计确认水温。

然后，有的水草需要添加二氧化碳，此类水草一旦出现异常就很难再恢复活力，所以最好准备备用的二氧化碳空气泵。

如果扩散筒里的二氧化碳急剧减少，可能出现了漏气，需要检查空气管。标准空气管容易发生泄漏，一定要使用二氧化碳专用气管。

最后，照明灯管如果脏了，照明度也会下降，一定要时常擦拭。最好连同照明设备内侧的白色反光板一起擦拭。清理的时候，一定不要忘了拔掉电源。理想状态是三个月更换一次照明灯。

每天进行维护工作的关键要点

如果每天都观察热带鱼，一旦出现问题就能及时发现。
随着经验的积累，也可以迅速判断问题是出于热带鱼患有疾病还是设备故障。
因此，观察时一定要认真仔细。

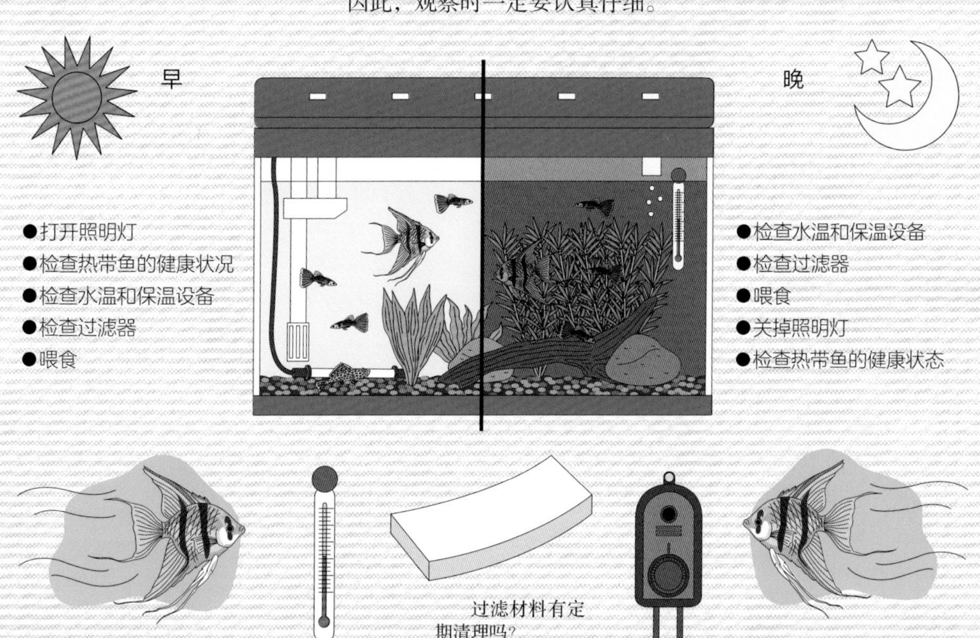

换水

影响热带鱼健康成长的决定性工作

水质管理的基础就是换水。一旦懈怠，水质就会渐渐恶化，好不容易打理好的水族箱就功亏一篑了。根据自己的水族箱和热带鱼品种，把握好换水的时机，享受愉快的饲养生活吧。

了解自己水族箱的换水时间

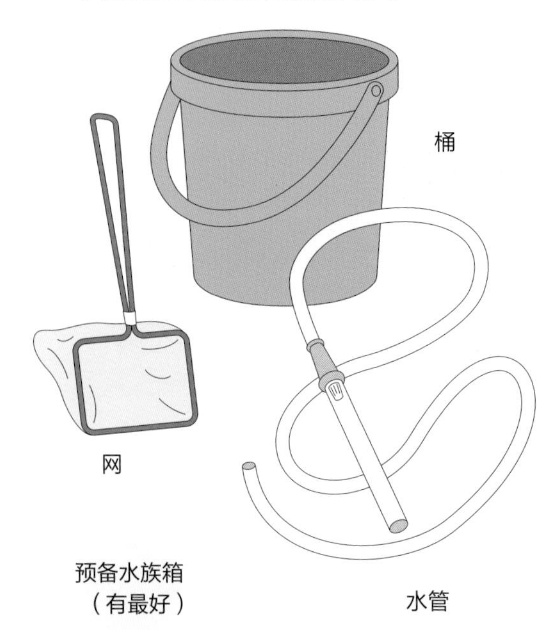

换水时机因水族箱的大小、鱼的种类和数量、过滤器的性能、砂粒及鱼饵的质量和数量的不同而有很大的变化。所以，关于换水并没有一个固定的标准周期，重要的是确保水质适合热带鱼生长。因此，了解自己水族箱的换水时间是很有必要的。

怎么才能知道应在什么时候给自己的水族箱换水呢？

首先从了解水质变化开始。最好的方法是通过 pH 测试器来测定，每隔 2~3 天就测定一次，连续记录 3 个星期的数据，就可以大致了解水质变化的规律了。

从注水时开始，pH 会每天下降一点点。变化幅度较小的话，换水次数也就少。反之，倘若数值突然下降了 2%，就需要频繁换水了。

当然水质管理并不只包括 pH 的管理。对水质变化适应能力强且较为健壮的热带鱼，水质可在其所能适应的标准 pH 上下 2% 之间浮动；而对水质恶化比较敏感的鱼，一旦 pH 低于其所能适应的 pH 的 0.5% 之后，就必须换水了。

要点

换水是很费时费力的工作。要是感觉吃力，最好改变换水方法以适应自己的生活方式。另外，一次性换掉全部水可能会导致水质突然变化，使鱼的健康出现问题。一般来说，一次换掉 1/3 的水比较合适。

换水方法

1. 用水管抽出水族箱里的水

首先拔掉荧光灯、空气泵、加热器和恒温器的电源，然后用过滤水管抽出水族箱里的水。抽出水族箱水的时候，注意不要吸入热带鱼和水草。

2. 认真清理垃圾

清理堆积在底床砂里的垃圾和废弃物。专用过滤水管可以在吸水的同时清洁底床砂。

3. 添加水质调节剂

准备合适温度的水，加入漂白粉去除剂还有水质调节剂，搅匀。

4. 把水桶里的水倒入水族箱

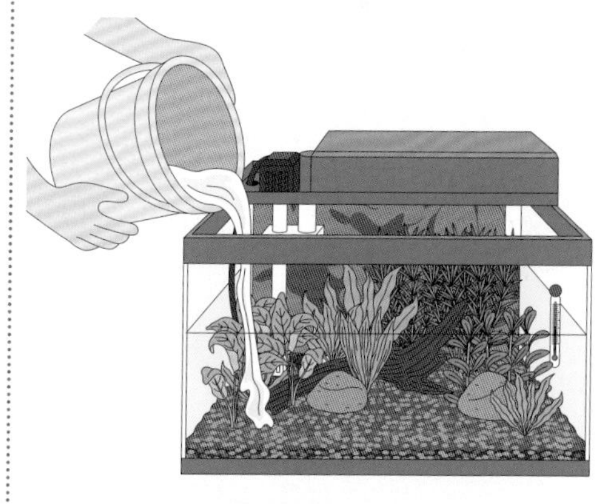

把调整好的水小心地倒入水族箱，注意不要破坏造景。

清理水族箱

细致的清理可以解决苔藓难题

附着在玻璃面和底床上的苔藓不仅看上去不好看，还会影响水草的生长。所以，在精心的日常保养之后，只要稍微清理一下水族箱，就可以延缓苔藓的生长速度。

换水和清理水族箱是不一样的

虽然也有人认为换水就能使水族箱变干净，但是换水目的在于管理水质，清理水族箱则是为了解决其他问题。

只要过滤器等设备正常运作，水族箱就不会变得太脏。但是，细致的清理不仅可以预防水质恶化，还可以防止鱼和水草出现问题。此外，干净的水族箱的观赏价值也更高。虽然清理起来需要费些功夫，但是清理干净后心情也会变好，这样就形成了良性循环。

清理水族箱的诀窍在于，在不弄脏水族箱的情况下认真进行日常管理。水质良好，水草也茁壮成长的话，苔藓也会比较少。

要细心清理玻璃面上的苔藓

想必玻璃面上的苔藓是最让人介意的。

现在市面上出售的除藓工具，既有像磁石式黑板擦那样的工具，也有专用的海绵擦，还有一种叫作刮削器的塑料板，可以轻松去除顽固的苔藓。不过，使用这一工具容易使树脂制水族箱出现划痕，挑选时要注意。

另外，还有很多可以抑制苔藓滋

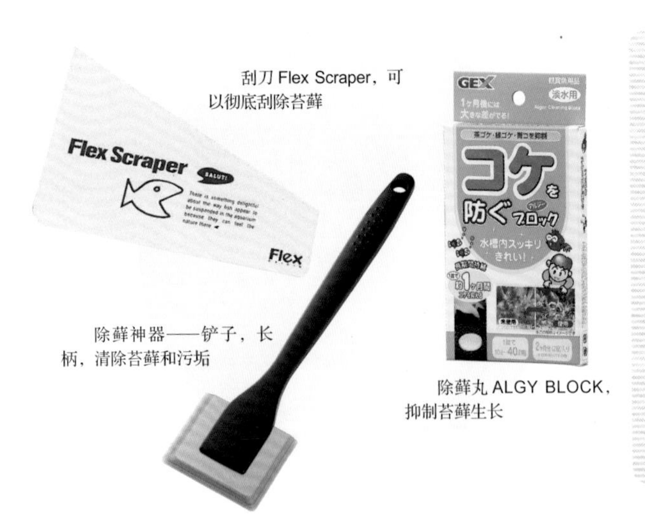

刮刀 Flex Scraper，可以彻底刮除苔藓

除藓神器——铲子，长柄，清除苔藓和污垢

除藓丸 ALGY BLOCK，抑制苔藓生长

苔藓生长的原因

苔藓生长由多个因素导致。如果符合以下任意一点，要尽早改善，这样应该就能延缓苔藓的生长速度了。

- 投饵过量
- 过滤器性能差
- 荧光灯照明时间过长
- 鱼的数量过多
- 没有换水
- 没有清理底砂
- 水草施肥过多

生的添加剂和过滤材料，可以选择适合自己水族箱的产品，这样使用起来更有效果。

水族箱外侧玻璃面的水滴和灰尘看上去也很脏，使用清洁剂就能使其变得锃亮了，但要注意不能将药品放入水族箱。

另外，水族箱的玻璃盖一旦脏了，会吸收照明光量，所以最好用海绵沾上洗洁精洗干净。不过，合成洗涤剂和肥皂是热带鱼的大敌，一定要谨慎使用。

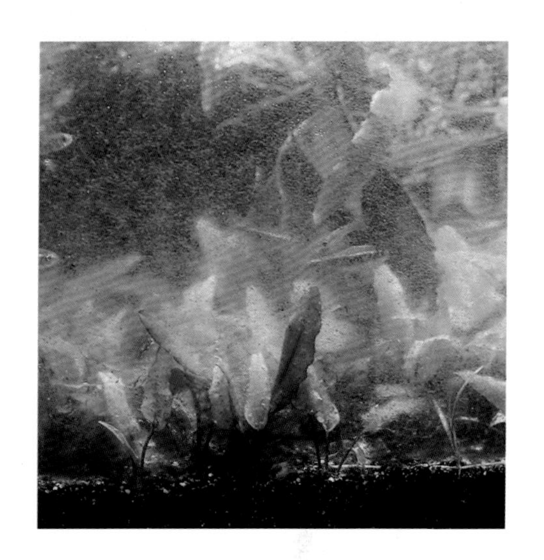

●苔藓种类

苔藓名称	特征	对策
硅藻类	褐色，呈黏稠状。由于过滤器中的菌类没有正常工作而导致硅藻类苔藓大量滋生。初级阶段会产生的苔藓	换水时添加一些液体调节剂，让水质呈弱酸性可以抑制硅藻类苔藓滋生。不过添加时也别忘了考虑热带鱼
蓝藻类	深绿色膜状体，气味难闻。因为自身呈膜状，容易附着在水草上，导致水草枯萎	定期清理底床的沙地和石子，改善水质。另外，考虑到饲养鱼的数量过多的问题，可以适当减少一些鱼
丝状藻类	有绿色、黑色等各种各样的颜色，细长状	这种苔藓一旦滋生就很难对付。在其初期一经发现，就要进行换水，并让大和藻虾将其吃掉，防患于未然
水棉	细长的绿色藻类，容易增殖、凝结成块，并扩散到整个水族箱	换水的时候要充分洗干净。购入的水草和岩石等装饰物也要清洗干净之后再放进水族箱里

4 清理底砂

底砂垃圾其实尤为明显

底砂上有着许多的垃圾，如鱼儿吃剩的饵料、鱼粪、水草的断叶。如果不进行清理，不仅不好看，还会导致苔藓滋生。

底砂垃圾是水质恶化的原因

其实，底砂垃圾是引起水质恶化一个要因。底砂自身很细小，存在很多小间隙，容易堆积鱼粪和吃剩的饵料。

此外，底床砂并不会随着水流循环，很容易变脏。

但是，如果频繁将底砂拿出清洗，耗时又耗力。所以在此，我将为大家介绍一些日常维护的方法。

首先，用网捞出漂在水中的垃圾。其次，用最小号的网轻轻地将底砂上的垃圾卷起、捞出。

底部置过滤器长期使用的话，砂粒之间会堆积垃圾，进而结块导致水流不畅。这种情况下可以使用比较粗的针一点点戳，水流就会通畅了。

但是，虽然只想清理底砂，但是捕捞网常常会将水弄浑浊，甚至误拔水草。最好还是在换水的时候，在水管前安装一个前置过滤器，把底砂中的垃圾和水一起吸出来。

●用网捞出大的垃圾

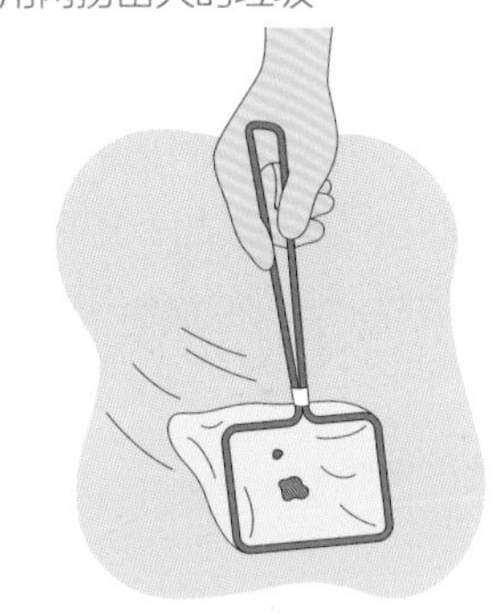

●清除底床砂的垃圾

●用水管进行清理

水族箱周围的清理

用整理来防范问题

在进行日常管理之后，最常忘记的就是清理水族箱周围。对于好不容易打理好的水族箱，通过整理水族箱周边，也可以防范问题的发生。

灰尘会导致漏电或短路

过滤器和照明设备这样的带电设备，一旦接通电源几乎不会再拔下来了。但插座和电线一般都是被挤在看不见的地方，很容易积灰。积灰有可能会导致漏电或短路，所以也要时不时拔掉插头用干布进行擦拭。

根据种类的不同，在空气泵的下部，有时会带有一个毡滤器。毡滤器里的毛毡被长期使用，容易堵塞变黑，所以要记得及时更换。

另外，水族箱看着虽很坚硬，但是一旦被硬的东西冲撞，玻璃很容易破裂。尽量不要在水族箱周围放置东西，保持谨慎。

●注意插座周围的灰尘

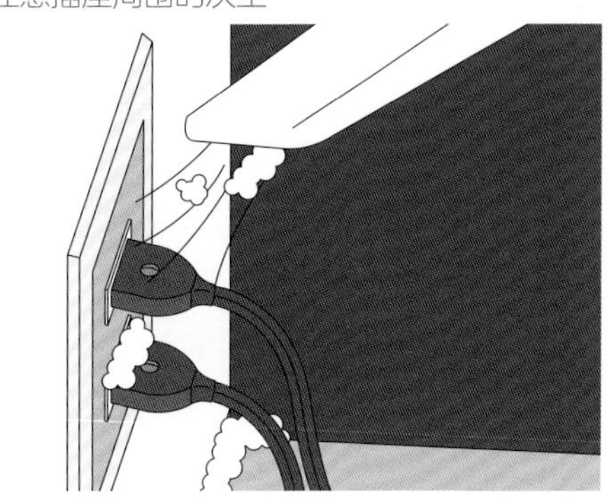

●把水族箱玻璃擦干净

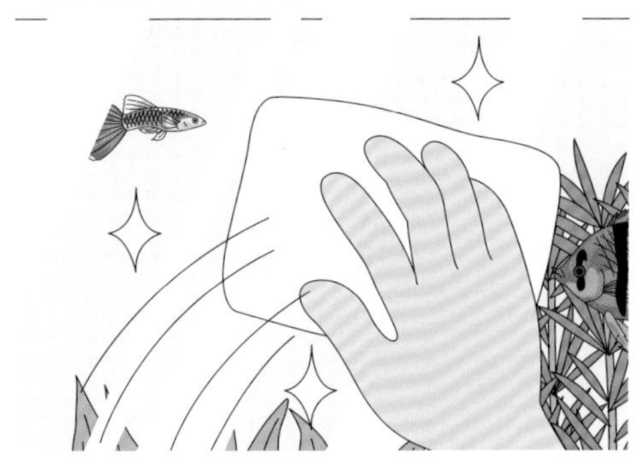

●不要放危险物品在旁边

水族箱出现裂痕的处理方法

不管再怎么小心，由于地震等不可控因素，水族箱还是可能出现裂痕。这种时候请不要着急，现在就提前掌握处理方法吧。

①拔掉所有设备的插头。
②把鱼和水草转移到别的容器里。
③立刻买新的水族箱。

每天都在变化的水

水质管理，首先从了解水质如何变化开始。

●时间过久，水会变酸

水族箱中的水，随着垃圾等有机物的分解，调制好的 pH 会慢慢转向酸性。如果放任不管，酸性水可能会腐蚀鱼体或鱼鳃。最好一开始就使用 pH 试纸和测试器。

●氮化合物浓度会变高

在饲养过程中，作为有害物质的氮化合物也会逐渐增多。当鱼的数量超出过滤器所能承受的数量时，过滤器容易出现堵塞，一点小问题就会使氮化合物浓度升高。

在水质呈碱性的情况下（饲养非洲丽鱼时），氮化合物的毒性会比在中性和酸性水质中更高。

●氧气不足

吃剩的饵料及活鱼饵的尸体腐败后滋生的多种细菌会耗费水中的氧气，导致热带鱼缺氧。

另外，当鱼儿数量超出过滤器及水族箱所能承受的数量的时候，也会引起氧气不足。

缺氧时，鱼儿会游到水面上，呼吸也会变得急促。这时候一定要立刻用空气泵输入空气，并进行换水。

不过，换水对鱼儿的伤害很大，一定要特别小心。

怎样对付难以捞起的鱼

清理水族箱时要把鱼转移到别的水族箱里去，其实这并不算难事。但是有些活泼的或小型的鱼，会躲进水草里让人难以察觉。这时候，准备好漏网和小盒子，用漏网把它们赶进小盒子里即可。如果做什么都不管用，就关掉照明灯，让它们进入睡眠状态。

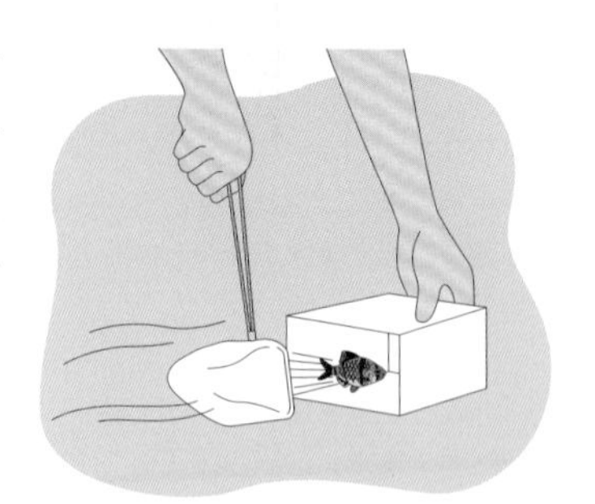

第6章

热带鱼的饲养和水草的养殖

每天都要给热带鱼喂食。
水草长高了要及时修剪。
这些工作，会让你更加喜爱你的水族箱。

1 鱼饵种类及投饵方法

根据鱼的特性来挑选鱼饵

投饵大概是饲养热带鱼的过程中最有趣的事情。不过，不同热带鱼的投饵方式是不同的，倘若喂食不当，可能会对热带鱼造成伤害。提前做好功课，享受饲养热带鱼的乐趣吧。

并不是鱼饵被吃掉就算喂食成功了

目前市面上有许多热带鱼鱼饵出售，根据热带鱼种类及投喂目的不同，各种鱼饵所具有的功能也多种多样，可以参考这些功能进行挑选。鱼饵分为主食和辅食，单独使用主食足以满足热带鱼的生长所需，而辅食则是帮助调节营养均衡的，必须和主食搭配使用。

大多数鱼饵一旦氧化就会变质，所以千万不要贪图一时便宜，大量购买囤积。一次购买 2~3 个星期的量即可，用完再买。尤其是辅食，其使用量远远小于主食，一次购买少量才不会浪费。不管是主食还是辅食，在开封一个月后最好就不要再使用了。

食鱼鱼和肉食鱼的鱼饵

中大型鲶科鱼和古代鱼多数都是食鱼性鱼。一般来说，这种食鱼鱼的食物都是金鱼、鲔鱼等，并不是因为摄入金鱼、鲔鱼有助于营养均衡，单纯是因为比较容易入手。

所以，对于以金鱼为食的食鱼鱼来说，最好每星期投喂 2~3 次鳑鱼、小嘴鲤鱼，可以促进营养均衡。另外，对于小型食鱼鱼，除了鲔鱼之外，还可以投喂一些唐鱼。

根据种类不同，还可以投喂一些昆虫和小青蛙，如果鱼饵自身可以达到营养均衡是最理想的。投喂金鱼的时候，为防止病原体入侵水族箱，要对它们进

孔雀鱼和新月鱼常在水族箱上层游动，喜爱浮游鱼饵。

断线脂鲤和淡水神仙鱼常在水族箱中层游动，最好选择容易下沉的鱼饵。

行 2~3 天的药浴，药浴期间可以给金鱼喂一些营养价值较高的饵料。

疣吻沙蚕和活红虫体内可能会携带有病原体或寄生虫，投喂前要先在放置它们的水缸内投放驱除寄生虫的药，充分洗干净之后再用作鱼饵投喂。

尽量少喂鱼饵是基本常识

初级者常常不知不觉就投饵过多。这种状态长期持续下去的话，鱼类的排泄物以及鱼饵残渣将会超过过滤器所能过滤的量，进而导致水质恶化以及苔藓的异常滋生。热带鱼自身也会出现消化不良或是肥胖的症状，可以说是毫无好处可言。为了避免投饵过多，了解多少鱼饵是适量是最重要的。根据鱼的种类不同，应投喂鱼饵的量也不同。尝试投喂自己觉得合适的量，然后观察鱼 3 分钟。如果 3 分钟过去之后，鱼饵仍有剩余，就说明量多了。反之，如果 1 分钟就被吃光了，那就是少了。如果是吃薄片和颗粒鱼饵的鱼，一天需要投喂 2~3 次。以稍大些的丸状鱼饵为食的鱼以及食鱼鱼，一天投喂 1~2 次即可。

因为旅行或出差而不在家时，可以使用市面在售的自动投饵机。不过，自动投饵机的投饵量最好设定为正常量的一半，投饵次数则设定为一天 1~2 次。如果只是出门 2~3 天，只要没有幼鱼，不喂食也没关系。

七彩神仙鱼通常使用被叫作“七彩神仙汉堡”的专用鱼饵。

黑线飞狐和异型鱼生性喜欢啄附着在水底的硬物。适合投喂较硬的大鱼饵。

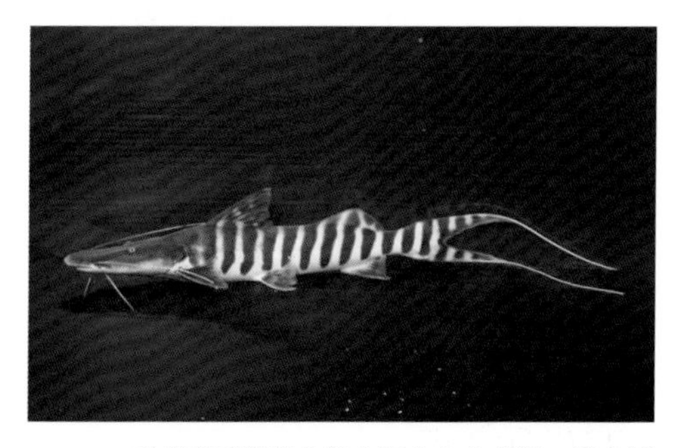

对于斑马鸭嘴鱼等大型肉食鱼来说，活鱼饵是必需的。

养肉食龙鱼比较奢侈，所需鱼饵几乎都是活饵，在鱼饵上十分费钱。

鱼饵种类

配制饲料

薄片状

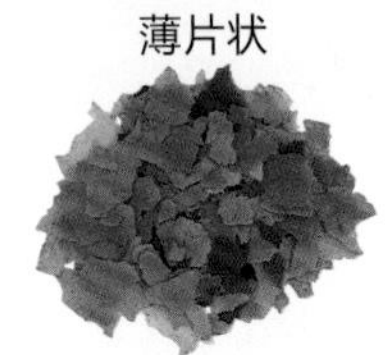

小型热带鱼鱼用代表性饲料，投喂后不久，大多都会浮到水面上，适合喜欢在水面和水族箱中层游动的鱼。虽然不是很受鱼类欢迎，但是有助于鱼类的消化吸收，种类也很丰富。建议根据自己所饲养品种来挑选饲料。

- 红绿灯鱼
- 孔雀鱼
- 蓝三角
- 银斧鱼
- 虎皮鱼

颗粒状

容易下沉，适合喜欢在水底和水族箱中层游动的鱼。颗粒状鱼饵不像薄片状鱼饵那样易溶于水，不会污染水质。颗粒状鱼饵根据直径分有许多型号，挑选适合的种类即可。

- 断线脂鲤
- 斑马雀鱼
- 淡水神仙鱼
- 银鲨
- 花鼠鱼

长条状

适合中大型杂食性热带鱼。有漂浮型和下沉型之分，购买时要记得确认。相比活鱼饵来说，不太受热带鱼欢迎，需要鱼儿花时间来适应。

- 金钱豹鱼（成鱼）
- 地图鱼（成鱼）
- 古代战船（成鱼）
- 胭脂鱼（成鱼）
- 布隆迪六间鱼（成鱼）

药片状

适合喜欢在水底游动以及喜欢撕咬水底附着物的鱼。这种鱼饵不容易污染水质，适合进食时间长的鱼。投喂异型鱼时，最好选择含有植物成分较多的鱼饵。

- 哥伦比亚绿皮皇冠
- 大帆红琵琶
- 麦氏拟腹吸鳅
- 小精灵鱼

速冻风干虾（磷虾）

磷虾冷冻、干燥后加工成鱼饵，量大且便宜。常用作大型鱼类的饵料，不过不太容易消化，不适合投喂刚刚买回来、还在适应期的鱼。

- 罗汉鱼
- 眼斑鲷
- 皇冠飞刀
- 泰国三纹虎
- 射手鱼

冷冻饲料

冷冻汉堡

主要作为七彩神仙鱼的饵料，其他的丽鱼也可以食用。因为是把生饲料混合之后冷冻而成的，所以很容易污染水质。要注意投喂的量和频率。

- 七彩神仙鱼

活饵

疣吻沙蚕

营养价值较高，也很受鱼类喜爱，能有效帮助幼鱼和较瘦的鱼补充营养。不过有可能携带有寄生虫，这一点要注意。一般来说，疣吻沙蚕很难在家中长期保存，一次购买两天的用量即可。

- 血钻露比灯鱼
- 七彩神仙鱼（幼鱼）
- 珍珠丽丽鱼
- 钻石红莲灯鱼
- 花鼠鱼

蟋蟀

代表性昆虫鱼饵，有很多种类，也很容易买到。因为蟋蟀好动，所以很受鱼类的喜爱，营养价值也很高。不过，蟋蟀一旦死亡，鱼类对其兴趣将会大大降低，要迅速捞走水面上死掉的蟋蟀。

- 射手鱼
- 黑龙鱼

金鱼

金鱼身上携带有会传染给热带鱼的许多病菌和寄生虫，投喂前最好先实施药浴。根据自己所饲养的热带鱼大小来选择金鱼的大小，有时也可以选择鲦鱼和小嘴鲤。

- 斑马鸭嘴鱼
- 红尾鲶
- 泰国三纹虎
- 长身肺鱼

鳉鱼

鳉鱼的投喂方法和金鱼一样，多投喂食鱼性的小型鱼。代替鳉鱼的鱼饵还有唐鱼，如果热带鱼相对于鳉鱼来说体形过大，就可以投喂小唐鱼。

- 皇冠飞刀（幼鱼）
- 眼斑鲷（幼鱼）
- 七彩海象
- 大花恐龙

鱼的饲养方法及其繁殖

良好的环境有助于鱼类繁殖

观赏热带鱼游动的姿势是十分有趣的，不过这一切都建立在认真进行水质管理和健康管理的基础上。如果能一直保证热带鱼所处环境良好、舒适，那么目睹热带鱼繁殖也不再是梦。

热带鱼健康管理是最重要的

想让热带鱼健康成长，就要注意以下几个要点。

●不要改变环境

环境的变化会给热带鱼带来紧张感。不仅是水温和水质，水族箱周边环境最好也保持不变。

●规律的日常生活

热带鱼和人类一样，生活不规律会让热带鱼产生压力，进而损害健康。每天尽可能在同一时间打开照明灯、投喂鱼饵，并在规定时间关掉照明灯。如果做不到，可以使用24h定时器，尽量不给热带鱼造成负担。

●保持水族箱内部的协调

鱼的密度和种类搭配都要保证协调。如果在过密的状态下生活，不仅会让热带鱼产生压力，还会加快水质的恶化速度。在这种状态下，一旦有鱼生病就会迅速传染给别的鱼。此外，即使是理论上混养没有问题的鱼，也会因为个体性格不同而出现问题。所以，一定要每天观察水族箱的情况，如果有需要，最好多准备一个水族箱，分开饲养以让水族箱恢复平静。

●鱼饵要保证优质、少量、必需量

鱼饵的质和量是影响热带鱼健康的重要因素。投喂劣质或营养不均的鱼饵，很容易导致热带鱼患病。选择鱼饵的存放地点一定要慎重，一旦发现热带鱼吃了鱼饵之后仍然无精打采，就要立刻换别的鱼饵试一试。只有细心才能发现大问题。要使少量的鱼饵能够满足所有热带鱼的需要，在鱼饵的配比上也要下一番功夫。

●打造适合热带鱼的水族箱风格

热带鱼和人一样，也有着各自不同的个性，打造适合热带鱼的水族箱风格就显得很有必要。例如，对胆小的热带鱼而言，就要为它们设计可以藏匿自己的岩石和水草等隐蔽空间；对体形较大又很活泼的热带鱼而言，可以通过流木和岩石块打造比较复杂的布局，防止它们擦伤。要想让鱼儿们在水族箱内可以自由自在地游动，就要选择适合热带鱼大小和性格的材质，打造出一个安全又美丽的水族箱。

让热带鱼繁殖也并不是难事

在日常管理、换水时机以及喂食方法等方面掌握了一定规律之后，就可以向繁殖热带鱼挑战了。观察自己亲手打造的水族箱里新生命的诞生，正是饲养热带鱼的乐趣所在，而且能让你体会到认真进行日常维护的价值。

根据鱼种的不同，繁殖和产卵的方式也有所不同。首先要充分了解你饲养的热带鱼的繁殖形态。

繁殖的第一步是为你的热带鱼找一个好伴侣。可以多买几只，然后期待它们产生爱情的火花。不过，即使牵手成功，雄鱼和雌鱼的发情期一旦对不上，就会出现雄鱼欺负雌鱼，撕咬雌鱼鱼鳍的情况。这时候最好将其中一只转移到其他的水族箱里，等待发情期的到来。

在混养的情况下，小鱼仔或鱼卵很有可能会被其他鱼类误食。要提前准备好产卵箱和繁殖用的水族箱。

此外，卵生鱼繁殖时产卵床是必需的，一定要提前备好。

观察七彩神仙鱼的繁殖是不少人都翘首以盼的。七彩神仙鱼繁殖时，体表会分泌出乳液供小鱼仔汲取，十分独特。

●建议进行繁殖的鱼

鳉鱼	新月鱼、剑尾鱼、孔雀鱼
鲤科	红玫瑰鱼、斑马鱼、眼斑鲷
攀鲈	泰国斗鱼、五彩丽丽鱼
丽鱼	淡水神仙鱼、七彩神仙鱼
其他鱼	七彩霓虹灯鱼、燕子美人、白金水针

killifish

鳉鱼

饲养方法

鳉鱼根据繁殖形态的不同，分为卵胎生和卵生两种。像孔雀鱼这样的卵胎生鳉鱼，一般来说体格比较健壮。只要饲养所需基础设备齐全，不管在哪个水族箱都能健康成长。孔雀鱼也不需要特殊照料，初级者也可以放心饲养。孔雀鱼不仅容易购买，外形美丽，而且繁殖方式很简单，极受初级者欢迎。不过，为了避免它美丽的尾鳍被撕咬，一定要在混养鱼种的挑选上认真考虑。

尽管如此，鳉鱼中仍然有许多对水质及水温变化非常敏感的鱼种，还有些鱼种原本是生活在咸淡水域的。所以饲养时一定要注重水质管理。

孔雀鱼和新月鱼都是卵胎生鳉鱼，繁殖方式简单，只要成对饲养就会开始自主交配繁殖，生出小鱼仔。不过，要想美丽的品种繁衍下去，还需要为它们的繁殖制订周密的计划。

繁殖方式

初级者要想观察到热带鱼的繁殖过程，建议饲养卵胎生鳉鱼中繁殖能力较强的新月鱼。卵胎生鳉鱼由雌鱼在腹中孵化鱼卵，直至生出小鱼。可以购买产卵箱帮助它们产卵。另外，由于小鱼仔出生时体形相对较大，可以买一些鱼仔专用配制饲料投喂它们。

即便水族箱内只养了一种鱼，小鱼仔也有被父母误食的可能性。将小鱼仔放置在专门的保育水族箱里集中饲养比较令人安心。

另外，如果让孔雀鱼毫无规律地自由交配繁殖，那么不管父母有多美丽，都会生出近似原种的小鱼，白白浪费好不容易培育出来的改良品种基因。要想生出的小鱼继承父母的美貌，在父母鱼还在保育水族箱的时候，就要把它们按雌雄分开。然后按照各自颜色和体形进行分类，从中选择自己心仪的鱼让它们进行交配繁殖。

最后，近亲交配容易破坏父母鱼的美貌基因，更容易生出不健康的小鱼仔，所以时不时地要买一些新的成鱼来改变基因。

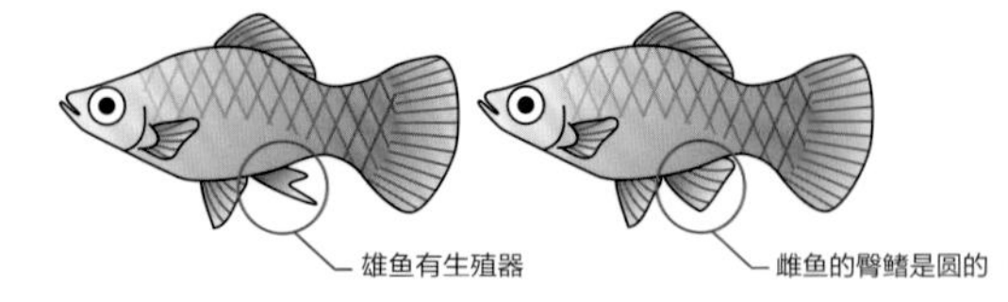

分辨卵胎生鳉鱼雌雄的办法。

characin

脂鲤

饲养方法

群游更能彰显小型脂鲤的魅力，饲养数量最好在10条以上。

脂鲤对设备和水族箱的大小并没有特殊的要求，只是有些脂鲤因为体形小，饲养时不适合使用水流较强的过滤器。另外，多数脂鲤对高温的适应能力都很差，最好养在家中最凉快、温度变化最小的地方。如果不在家，也最好保持室温在28℃以下。不过要注意的是，21℃~23℃的水温极易让脂鲤患上白点病，一定要做好预防和早期发现工作。

饲养红腹食人鱼这样的中大型鱼时，要准备好大型的水族箱。作为肉食鱼，喂食活饵也是必需的。所以最好及时清理吃剩的鱼饵，并使用方便清理的外置式或底部置过滤器。至于其他设备，和饲养其他热带鱼使用的一致即可。

繁殖方式

要想让脂鲤繁殖，就要为它们准备好产卵用的水族箱。也可以使用塑料制水族箱，提前在里面放置好水草或是煮沸消毒过的棕榈皮。

当好几条雄鱼开始追逐腹部鼓起的雌鱼时，可以把它们成对移动到产卵用水族箱里。1~2天之后，鱼卵就会在水草上散布开来。产卵结束后，将父母鱼送回原来的水族箱里。

虽然不同种类的进程不同，但一般来说，产卵1天后孵化就开始了，7~10天之后小鱼仔就出生并开始欢快地游动了。不过，刚出生的小鱼仔都很害怕光亮，要给它们营造较为昏暗的环境。小鱼仔开始游动后就可以喂食了，一开始喂洄水，稍大点后就可以喂丰年虾了，再大一点的时候可以吃鱼仔专用的配制饲料。

洄水的制作方法

所谓洄水，是草履虫和轮虫的总称。不过在市面上是买不到的，必须自己做。

将氯中和过的水注入塑料箱，加入少量牛奶粉等营养物质，让水草的叶片漂浮起来。3~5天后，水草周围会出现白色泡沫。这就是洄水，用滴定管吸上后投喂小鱼仔。

cichlids

丽鱼

饲养方法

丽鱼中有许多独具个性的鱼，七彩神仙鱼可以说是热带鱼中的王者，淡水神仙鱼更是最常见的热带鱼。丽鱼的种类十分丰富，从初级者也可以轻松饲养的朱巴力、淡水神仙鱼，到七彩神仙鱼、短鲷等让高级者也头疼的热带鱼，多种多样。

作为观赏用的中小型鱼，可以养在种有水草的水族箱内。考虑到繁殖，以及对水质变化比较敏感的鱼，需要比较宽松的空间，建议饲养在 90cm 长的水族箱内。

观察丽鱼产卵后照顾鱼卵和小鱼仔的样子也是饲养丽鱼的乐趣之一。

繁殖方式

先购买 10 条以上的丽鱼，然后就可以等待它们自由配对了。有些种类的丽鱼配对后会产生领地意识，可以把它们挪到产卵用水族箱内，防止它们搞破坏。

大部分丽鱼产卵后也会自己照顾鱼卵，但也有部分丽鱼中途会误食鱼卵和小鱼仔。

将雌鱼和雄鱼放入产卵用水族箱后，它们会多次产卵并孵育小鱼仔，在此期间静待即可。

产卵后数日，小鱼仔就会孵化出来，丽鱼守护小鱼仔的姿态最是独特，这也是观察丽鱼繁殖过程的乐趣之一。孵化一星期后，小鱼仔会开始游动。进入这一阶段后，要一点点地喂给小鱼仔极少量的丰年虾和小鱼仔专用配制饲料。当小鱼仔开始自由游动，母鱼的视线也渐渐从小鱼仔身上离开后，就可以将母鱼放回原来的水族箱了。

丰年虾的制作方法

丰年虾是生活在盐水湖的浮游生物的卵。这种卵即便在干燥的状态下也不会死去，可以直接从商店购买。将丰年虾放到浓度为 3% 的食盐水中，只需一晚即可孵化。孵化后，用滴定管吸取喂给小鱼仔即可。

丰年虾喜光，当它们分散活动时难以用滴定管吸取，照亮容器的一个角落可使它们聚集起来，即可容易吸取。

labyrinth fish
攀鲈

饲养方法

攀鲈最引人注目的特征是其鳃部生有叫作迷宫器官的呼吸器官。迷宫器官可以吸入空气中的氧气。也就是说，攀鲈对缺氧状态有一定的承受能力。

因此，只要定期换水，并在寒冷的冬天使用保温工具，攀鲈就可以健康成长了。至于攀鲈中的斗鱼，则更是体格健壮，容易喂养。

但斗鱼也正是攀鲈中最不让人放心的一种。

雄性斗鱼一旦相遇就会开始争斗，一定要单独饲养雄鱼。

有些雄性斗鱼即使对雌鱼都有很强的攻击性。如果要考虑让斗鱼繁殖，就必须一条一条地试，直到找到性格合适的那一对。

繁殖方式

配对完成后，将它们挪至水面大量浮有叉钱苔、水温也调整到 25℃左右的繁殖用水族箱里。攀鲈的生殖活动大致分为以下两类。

丝足鱼和斗鱼繁殖时，是由雄鱼制造出泡巢吸引雌鱼，并用泡巢包裹住雌鱼的身体使其在泡巢中产卵。

如果水流太强，泡巢很容易被冲毁。最好使用海绵过滤器之类的水流速度较缓的过滤器。

口育鱼则是以雄鱼将雌鱼所产鱼卵含入口中孵化的方式进行繁殖的。

不过，偶尔也会发生从口育鱼口中孵化而成的小鱼仔被父母吞食的情况，所以在鱼卵在口中孵化 1~2 星期后，一定要格外注意孵化情况，必要时强制雄鱼吐出小鱼仔，再将小鱼仔移动至繁殖专用水族箱。

不管采取哪种繁殖方式，攀鲈从产卵到孵化的整个过程都会悉心照料自己的孩子，饲养者大可放心。小鱼仔刚出生时可以喂食洄水，稍大一点后喂食丰年虾即可。

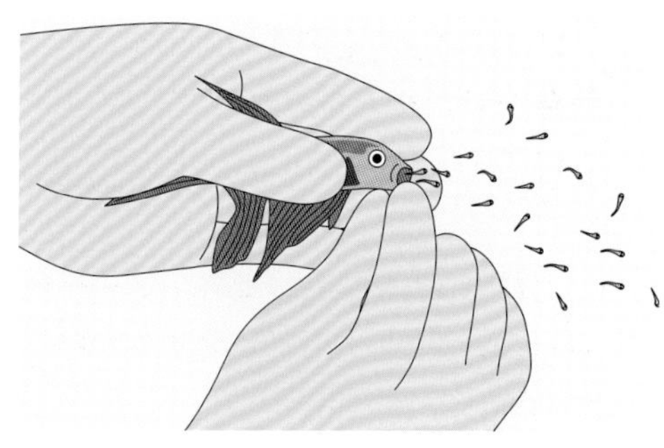

父母鱼倘若误食小鱼仔，要强制其吐出。

carp&loach

鲤科和鳅科

饲养方法

鳅科中的唐鱼体格健壮，繁殖方式也很简单，比金鱼还容易饲养，常被视作热带鱼饲养初级者的入门鱼种。

至于蓝三角这样比较敏感的鱼，只要做到定期换水，保持水质的弱酸性，做好基本的日常管理即可，饲养起来也并不困难。

不过不知为什么，鲤科鱼偏好旧水，不是很喜欢新换的水。所以为了减轻它们的压力，在换水的时候，要在事先装好新水的水族箱里放入其他的鱼，等水质稳定之后再将鲤科鱼放进去。

另外，银鲨一旦受到惊吓就会撞击水族箱玻璃，最好把水族箱放置在安静且平稳的位置。

还有的鲤科鱼喜欢在底砂附近游动，不要忘记为它们选择合适的鱼饵及比例。

繁殖方式

饲养 10 条以上的鲤科鱼时，雄鱼会追逐腹部鼓胀的雌鱼以寻求交尾。鲤科鱼在进行繁殖活动时体色会发生变化，变得十分美丽。千万不要错过这美丽的“婚姻色”。

把配对成功的鱼移动到水草较多的产卵用水族箱之后，雌鱼就会开始在产卵床上产卵了。

唐鱼不会吞食鱼卵和小鱼仔，所以不必因为担心而将父母鱼早早送回原来的水族箱里。至于其他的鱼，一旦产卵结束，一定要迅速地将父母鱼和鱼卵分离开来。

一般来说，鱼卵的孵化时间是 1~2 天，孵化出的小鱼仔很快就能学会自主游动。刚出生的小鱼仔可以吃洄水，稍大点之后就可以吃丰年虾了。

唐鱼性格温顺，繁殖能力也很强。如果在大型水族箱内多种些水草，唐鱼也能在原先的环境里自然产卵并孵化，孵化的小鱼仔则以水族箱内的微生物为食。

不需要人为介入，就能近距离观察到动物的自然繁殖过程，这就是饲养热带鱼的乐趣所在吧。

cat fish

鲶科

饲养方法

鲶科鱼的种类有数千种，有的体格健壮，初级者也能饲养；有的则让饲养专业人员都感到棘手。

鼠鱼不像其他的鱼那样多管闲事，它喜欢待在水族箱底部，所以饲养鼠鱼的魅力就在于它可以和除了大型肉食鱼以外的任何鱼种混养。也就是说，鼠鱼是混养水族箱中最不可缺少的角色了。

还有许多人饲养小型异型鱼来清理水族箱里的苔藓。不过，由于小型异型鱼独特的姿态、体色以及生态形式，也有不少人将其作为主角来饲养。

不过，虽然大型异型鱼是食草性，但却是货真价实的大胃王。它们会吃掉水草，所以最好养在以岩石和流木为主景的水族箱里。

异型鱼骨头很多，如果因为吃得少、饿瘦了，则很难看得出来。要时不时观察它的肚子是否瘪下去。

为了不使鲶科鱼的胡须受到伤害，鲶科鱼专用的水族箱里最好铺置一些细河沙，并将叶片较大的水草种在小花盆里放进去。

当然，也可以将水草直接种在大矶砂中。

不过，大型鲶科鱼的力气很大，常常破坏精心布置好的造景，甚至把水族箱弄破。所以，为鲶科鱼挑选的水族箱及配套工具，一定要结实才行。

繁殖方式

鼠鱼的产卵方式和其他鱼类非常不一样，很值得一见。准备好产卵专用水族箱，再铺上大叶片的水草做产卵床，就可以开始观察。

当雌鱼腹部隆起，雄鱼就会开始追逐雌鱼。配对成功之后就可以移动至产卵水族箱内。

习惯了产卵水族箱之后，雌鱼会用自己的嘴去含取雄鱼的精子，然后将精子放置在水草上，并在上面开始产卵。

雌鱼将反复进行这一产卵活动，分多次产下所有的卵。

把产卵结束的父母鱼送回原来的水族箱。如果是在专用水族箱里产卵的，也要将附有鱼卵的水草移动至其他的水族箱。

鱼卵 3 天后会开始孵化。小鱼仔开始游泳之后，可以给它们喂食小鱼仔专用的配制饲料。

ancient fish

古代鱼

饲养方法

在被称作“活化石”的古代鱼中，最受欢迎的就是龙鱼了。

不少人正是因为喜欢龙鱼而开始饲养热带鱼。不过饲养龙鱼可得做好打攻坚战的准备。龙鱼的体长有可能会达到1m，幼鱼还可以养在60cm长的水族箱里，等到龙鱼慢慢长大，就需要90cm、120cm，最终甚至需要180cm长的水族箱了。

由于体形大，龙鱼很有可能会破坏过滤器的吸水口和出水口，以及加热器和恒温器。为了防止龙鱼搞破坏，一定要给这些设施配备保护罩。

不只是要防龙鱼、鳄雀鳝，残饵和鱼粪也要认真清理干净才行。虽然只有在设备维护和日常管理下苦功夫，才能看到龙鱼悠然自得地游动，但辛苦的同时想必也会给人带来满足感吧。

古代鱼中具有食鱼性的鱼种也有很多，虽然这在混养上有些棘手，但如果将古代鱼同古代鱼混养，说不定会有别样天地。

一般来说，市面上售卖的古代鱼多是小鱼仔或幼鱼。购买时注意不要买到瘦小的鱼。

食鱼鱼一旦瘦下来，就需要花费很长的时间才能恢复原来的状态。一定要记得按时喂食，不可在水质管理上懈怠。

繁殖方式

龙鱼是采用口育的方式来繁殖的。一旦配对成功，进入产卵期后繁殖就容易了许多。古代鱼相对来说比较长寿，从幼鱼到成鱼需要很长的时间。大部分古代鱼都是到了5岁之后才能达到性成熟。

龙鱼繁殖时需要容积为2 000~3 000L的水族箱，配套设备也需要尽可能地大。

对有些鱼种来说，水温和水质的变化可能成为促使它们进入繁殖期的契机，掌握这一契机就需要专业水准的技巧了。

一般来说，要想让古代鱼繁殖是非常困难的。

但是，也有像恐龙鱼这样繁殖并不困难的成功例子。恐龙鱼可以在容积为300L水族箱内繁殖，可以说是古代鱼中在繁殖上最有优势的鱼种。

古代鱼的种类多种多样，只有掌握了相应的知识，才是成功饲养古代鱼的近道。

others

其他鱼

饲养方法

其他鱼中人气最高的彩虹鱼，多数生活在巴布亚新几内亚、大洋洲群岛附近，常被认为是咸淡水鱼。

其实，很多彩虹鱼是生活在淡水海域。千万不要自己随意判断，购买彩虹鱼时，一定要问清楚商店为其提供的水质以及其所生活的地域环境，这样才能对症下药，采用合适的水质管理方式。

还有，虽然有一些鱼是生活在纯淡水中的，但在准备繁殖的时候，加入一些盐分或许会更好。关于这点一定要向商店询问清楚。

当然，淡水鱼也能够进行混养。除去喜欢和同种鱼打架的鱼，尽可能选择比较温顺、老实的鱼来混养。

彩虹鱼美丽的姿态是它最具魅力的特点。光是观赏电光美人和燕子美人就足以让人忘却时间。

枯叶鱼是拟态鱼的一种，如果它一动不动地待在水草或水族箱底部，你会分不清它究竟是叶片还是鱼。还有许多像枯叶鱼一样充满个性的鱼，不管饲养哪一种，精心挑选都是一种愉快的“烦恼”。

繁殖方式

实际上，其他鱼的分类真的非常多，在饲养方面最重要的就是要考虑盐分浓度。对有些生活在纯淡水中的鱼而言，繁殖时提高水中的盐分浓度反而更好。要根据种类的不同进行相应的水质管理。

彩虹鱼可以根据体色和体形的差异来判别雌雄，初级者也可以帮助它们顺利繁殖。彩虹鱼的身体非常小，刚出生的小鱼仔需要喂食洄水。能否保存洄水就成了彩虹鱼繁殖过程中的一个重要决定因素。

将配对好的鱼放入调配好盐分浓度的水族箱里，雌鱼就会藏在水草间多次产卵。

虽然该分类的所有鱼都不会吞食鱼卵和小鱼仔，但保险起见，在产卵结束之后最好还是把父母鱼放回原本的水族箱里。

热带鱼常见病症及治疗方法

掌握合适的治疗法

和饲养其他动物不一样，主人必须承担起治疗热带鱼的任务。为了冷静地判断病症并制定治疗方针，就需要掌握更多的相关知识。

一旦发现异变立刻采取行动

早上打开照明灯以及喂食的时候，要对鱼进行观察，有时会发现有些鱼的样子不同寻常。

不过，我们常常无法判断这是生病还是正常现象。

初级者在遇到这种情况的时候，一般会选择按兵不动，继续观察。

但是，如果是因为细菌寄生而产生的病症，如果不尽快解决，不仅热带鱼的状态会持续恶化，还会污染水族箱水质。

一旦水质被污染，其他的鱼也会受到感染，这时候局面很可能就覆水难收了。

虽然没有必要由于担心而手忙脚乱，但请不要忘了“继续观察”就等于是袖手旁观。

一旦感觉到异样，首先需要查找相关书籍，然后立即同商店联系，确认这是不是病症。

饲养热带鱼最重要的就是“一边观察一边行动”。

环境导致患病

开始饲养热带鱼时，会很注意水质及水温的日常管理，也会每天检查鱼是否健康。但是时间久了之后，这一套流程也会变得越来越复杂，如果主人懈怠，就会给病菌可乘之机。

不过，即使进行了精心的日常管理，稍有不慎也有可能将病原菌带入水族箱。下文将介绍一些需要特别注意的事项，希望大家在观察热带鱼时都能心中有数，及时发现异常，早发现早治疗。

①放置新购买的热带鱼及水草时

新购买的鱼和水草常携带有病原菌和病原虫。在放置 1~2 个星期后，一定要进行深入观察。野外捕获的鱼在放入水族箱前，一定要进行药浴（参照第 173 页）。

②投喂活饵时

活饵也有携带病原菌及病原虫的风险。对为除藓而放置的虾和贝类也需要注意。

③水温突变时

加热器故障以及换水时的调温失误这样意料外的事故常常会引起水温突变，

从而导致病原菌和病原虫开始活动，进而使鱼自身受到伤害，变得易受感染。

④水质恶化时

当水质恶化到为病原菌及病原虫活动提供温床时，鱼的体力会下降，发病率也大大提高。如果在换水和清理方面偷懒，就有可能滋生水霉这样的有害病菌。

⑤鱼受伤时

一旦热带鱼被其他鱼类咬伤，或被捕捞网弄伤，导致体表保护膜脱落，细菌和霉菌的感染概率就会提高。

⑥鱼体力下降时

水族箱内多多少少都会带有病原菌，但只要热带鱼体格健壮，就不容易生病。一旦体力下降，或感受到了过度的压力之后，鱼就很容易得病。

鱼药的种类

鱼药一般只分为内服和药浴两种，每一种都有很多不同的产品，每种产品的功效和用法也有些许不同。购买时要说清楚鱼的病症，并仔细阅读产品说明书。

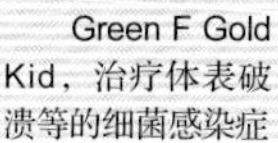

Green F Gold Kid，治疗体表破溃等的细菌感染症

Green F Gold，治疗皮肤炎、烂尾巴等细菌感染症

●容易生病的环境	●危险信号
放入新的鱼和水草时	出现异物
投喂活饵时	体表有炎症或出血
水温突变时	鱼鳍和嘴巴溃烂
水质突变时	呼吸困难
有鱼受伤时	眼睛变白、变浑浊
有的鱼体力下降时	体形明显有异常

治疗方法

治疗热带鱼病症的是主人自己。做好充分的准备，谨慎按照正确步骤并给予充足的治疗时间是非常重要的。

正确理解治疗方法很重要

治病主要有 3 种方法。每种方法及注意事项如下。

1. 药浴

将药溶于水族箱水中，再把鱼放入水族箱里的治疗方法。要把握好药的浓度、药浴时间以及加药时间。治疗后的护理工作也千万不能忘记。

2. 外敷

直接在鱼的患处涂抹药。要求操作快而准。

3. 物理治疗

用小镊子去除鱼体寄生虫的治疗方法。同外敷一样，要求快而准。

还有，如果其他鱼也一个接一个地生病了，别忘了给水族箱整体消毒。

不过要记住，并不是治疗结束了就意味着一切结束了。如果不查明究竟为何发病，下次还会发生同样的事情。最重要的是及时改善环境，尽早对症下药。

●治疗的必需工具

营造一个不会使热带鱼生病的环境是最重要的。不过以防万一，还是要备好一些基础的治疗必需工具。如果放任疾病不管就会更加严重，一定要尽早对症下药。

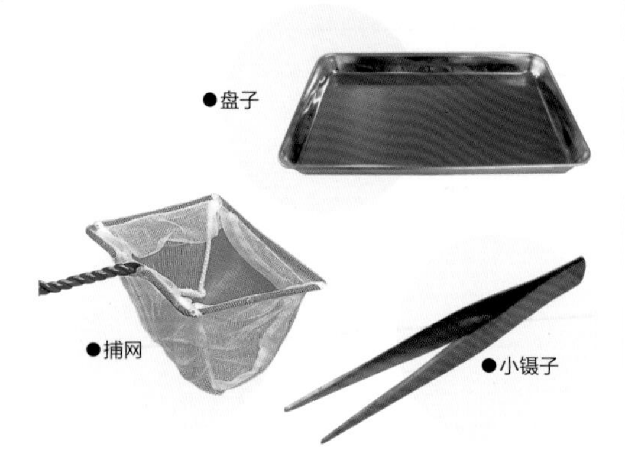

●水族箱消毒顺序

1. 把鱼移动到药浴用水族箱。
2. 拆掉水族箱造景，清洗底砂、过滤材料以及所有工具和装饰物。
3. 把清洗完的东西放回水族箱里，注水，放入对病症有效的药。
4. 过滤器工作 4~5 天，换过 2 次水之后，将鱼放回水族箱。
5. 15~20 天之后，再次重复步骤 1~步骤 4 的工作才算消毒结束。

药浴的顺序

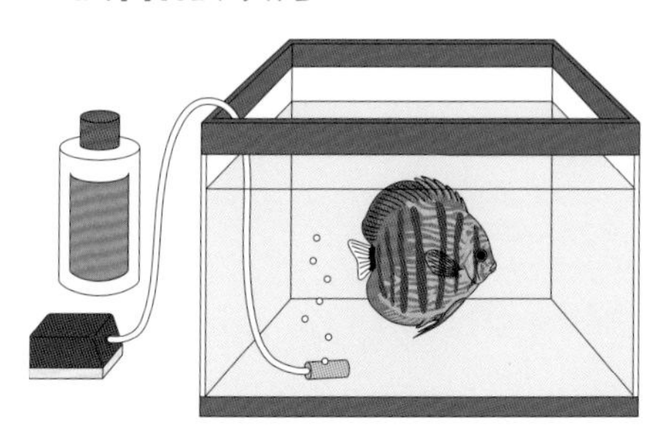

1. 准备药浴用水族箱

加热器放入专用水族箱里，用空气泵输送空气。水质调节剂取常量即可。

2. 把药放入水族箱

根据水量放入一定量的药，混合搅拌。认真测量药的浓度，这很重要。

3. 放入热带鱼

水温调节结束后，放入热带鱼。需要长时间药浴的时候，中途要换水。

4. 每天检测恢复状况

出现体力下降的情况，以及对水质敏感的鱼受药物刺激而产生休克症状时要及时中止治疗，把鱼移至原来的水族箱里。如果药浴过程中热带鱼有食欲，可以适当喂食一些鱼饵。

5. 给原本的水族箱换水

在生病的热带鱼进行药浴期间，给原本的水族箱换水。

6. 把热带鱼移至加有护理剂的原本的水族箱

症状得到改善后，就可以把热带鱼移至原来的水族箱了。记得护理剂要取得比常量多些。

外敷的顺序

1. 准备好必要的工具，把病鱼从水族箱中拿出

把鱼放在铺有多层进水纱布的盘子上。如果在捕网中就能实现治疗，也可以在网中进行。

2. 涂药

用手轻轻地按压鱼以防其摆动，用纱布擦拭患处水分后上药。用纱布或毛巾盖住鱼的眼睛，可以使它平静下来。

3. 把热带鱼移至原本加有护理剂的水族箱

尽快结束治疗，将鱼放回水族箱。

热带鱼常见病症及治疗方法

白点病

■病状

由于病原虫寄生，体表和鱼鳍出现小颗粒。严重时白点会覆盖全身。

■药剂

Green F、Hikosan Z。

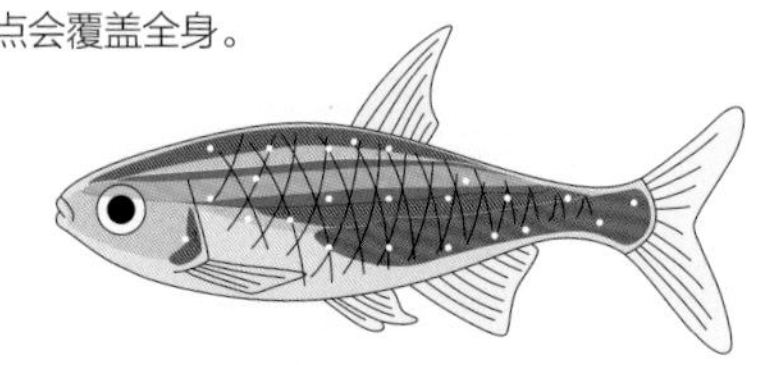

■治疗方法

不断换水进行药浴，直至病原虫消失。

■注意事项和预防方法

病原虫多发于春秋之际，多在低温下滋生，要注意控制温度。

白棉病

■症状

因其他疾病而导致体力下降时，水霉会寄生于伤口上，从而导致鱼体出现白絮丝状物。

■药剂

Green F、Hikosan Z。

■治疗方法

当白棉病症状蔓延全身时，不断换水进行药浴，直至霉菌消失。

如果症状只出现在部分体表，则用高于药浴浓度 2~5 倍（小型鱼浓度低些，大型鱼浓度高些）的 Green F 涂于患处即可。

■注意事项和预防方法

把受到其他鱼类撕咬的鱼移动到别的水族箱里，或是投放一些预防药物。

锚头鱼蚤病

■症状

在鳞片的间隙中出现淡褐色的碎屑状物，这是浮游生物剑水蚤的一种。如果及时清除就不会产生什么大问题，但如果出现在小型鱼身上就要注意了。

■药剂

Refish。

■治疗方法

用尖嘴钳把锚头蚤从根部去除，并用 Refish 进行药浴即可。

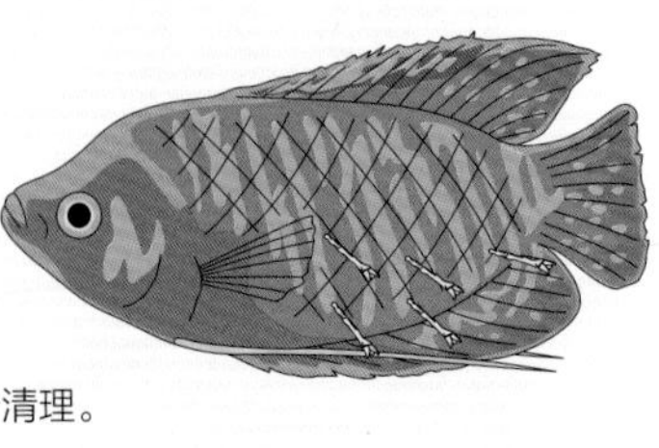

■注意事项和预防方法

锚头蚤一旦开始寄生就会开始大量繁殖。

为了防止锚头蚤的再次滋生，用 Refish 对水族箱整体进行清理。

理解基本治疗法之后，接下来就是实践了。
我将为大家介绍实际治疗中所用的药物及治疗方法。

红斑病

■症状
细菌导致的体表及鱼鳍出现的炎症及出血症状。病程缓慢，一旦恶化即死亡。

■药剂
KAN-PARA D、Green F Gold。

■治疗方法
用 KAN-PARA D 或 Green F Gold 进行药浴即可。

■注意事项和预防方法
多发于水质恶化的水族箱。
要对饲养环境进行多次检查。

松鳞病

■症状
细菌感染导致鱼鳞立起，全身膨胀，腹部肿胀。治疗松鳞病很费时间，完全清除病原菌非常困难。

■药剂
KAN-PARA D。

■治疗方法
用 KAN-PARA D 进行药浴即可。

■注意事项
治疗之后有可能病症一直无法得到改善，最终死亡。

烂嘴、烂鳍病

■症状
鱼鳍前端变白脱落。多发于尾鳍，严重的话整个鱼尾可能会烂掉。鱼嘴周围出现伤口或溃烂。不管是烂嘴还是烂鳍，都会导致鱼的运动能力下降，无法进食，变得更加虚弱。

■药剂
KAN-PARA D、New Green F。

■治疗方法
在浓度为 0.5% 的食盐水中放入 KAN-PARA D 或 New Green F 进行药浴即可。

■注意事项和预防方法
体力下降时，使用 Parazan D 可以减少对鱼的刺激。
治疗后要进行护理，让鱼待在别的水族箱里，直到体力恢复。

破溃

■病状

初期阶段，鱼鳞会出现斑斑点点的白浊现象。严重时皮肤会溃烂，看上去就像破了的空洞一样。一旦发病，就会经常反复发作。

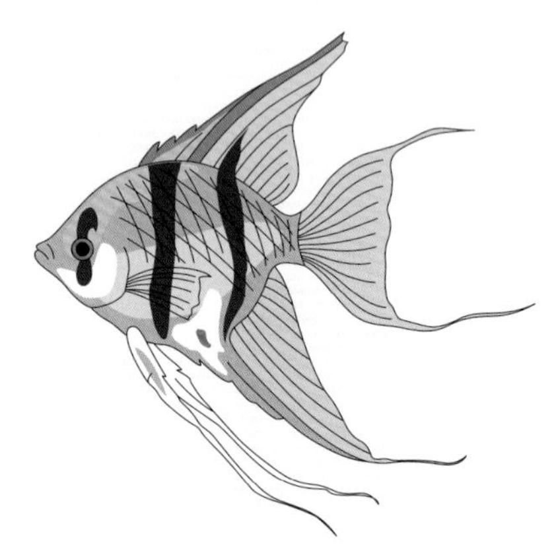

■药剂

KAN-PARA D、Eelevage Ace。

■治疗方法

用药剂进行药浴即可。

■注意事项和预防方法

水温调节至 29℃有助于治疗。

用 12h 缓慢提高水温。

凸眼病

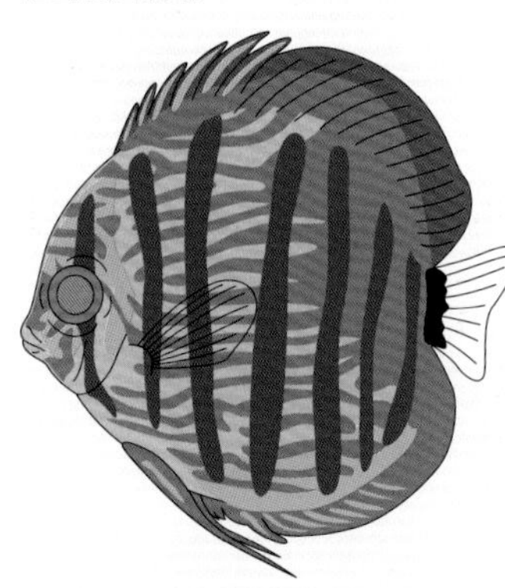

■病状

眼球凸出，形似凸眼金鱼的眼睛。

■药剂

Eelevage Ace。

■治疗方法

该病症病因及治疗方法均不明，推测是细菌感染。

■注意事项和预防方法

患凸眼病的鱼行动会变得缓慢，容易受其他鱼攻击，最好换至其他水族箱单独饲养。

鳃吸虫症

■病状

病原虫寄生于鱼鳃处，导致鳃部脱落或黏附有黄色黏液，从而使鳃部无法正常开合。由于缺氧，患上鳃吸虫症的鱼会浮出水面痛苦地呼吸，游动时也力不从心。

■药剂

Refish。

■治疗方法

用驱虫剂进行药浴。

■注意事项和预防方法

用 Refish 对整个水族箱的鱼进行药浴。

早发现早治疗，一旦病程拖长就很难治疗了。

不要将野外的水注入水族箱。

瘦脊症

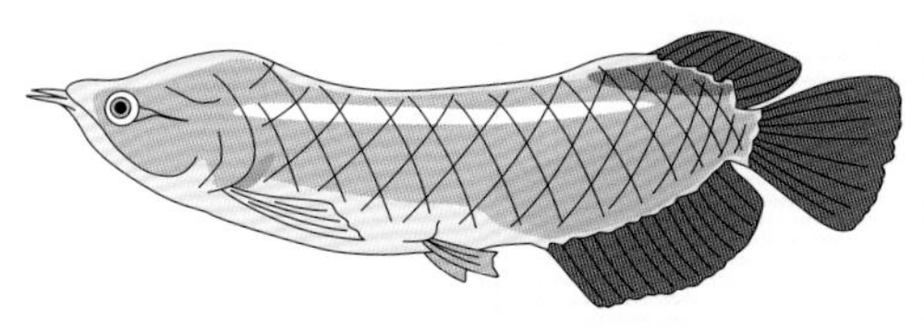

■病状

背部和腹部消瘦，身体变形。

■药剂

没有专用药剂。

■治疗方法

喂食维生素均衡的鱼饵，保证水质稳定。

■注意事项和预防方法

生长阶段缺氧或营养不良，以及长期使用劣质鱼饵就会导致热带鱼患上瘦瘠症，一定要做好日常管理。

腹部肿胀

■病状

在喂食鱼饵前，腹部肿胀。

■药剂

没有专用药剂。

■治疗方法

病因及治疗方法均不明。

■注意事项

一旦发现异变，就证明鱼已经受了很大的冲击，很难恢复健康状态。

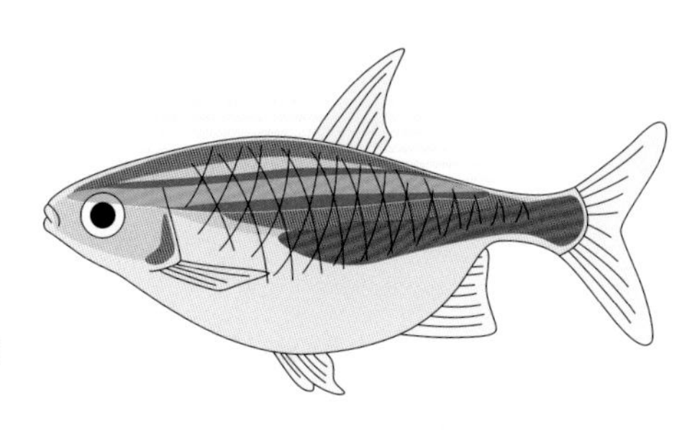

体形异常

■病状

背部骨头弯曲，体形较其他鱼明显不同。

■药剂

没有专用药剂。

■治疗方法

没有专门治疗法。

■注意事项和预防方法

体形异常有可能是天生的，也有可能是鱼仔阶段的营养不良及代谢失常导致的，还有可能是骨头和肌肉受损导致的。

在鱼卵及鱼仔阶段，要在水温、水质以及鱼饵类型的管理上比成鱼更加细心。

4 水草的养殖方法

了解基本知识后，初级者也能游刃有余

虽说照顾水草是一件麻烦事，但只要备好基本工具，掌握好基本知识，那么，初级者也能游刃有余。要想打造美丽的水草造景，就来好好了解一下水草的培育方法吧。

水草原本是陆生植物

一提起水草，想必大家都会觉得它一开始就是水生植物吧。其实，水草原本是陆生植物，为适应环境变化才变成了水生植物。

水草中也有在水陆均可生长的种类。不过，陆生水草和水生水草有着明显的不同。水陆两生水草一旦进入水中，其原生长的叶片就会尽数枯萎，然后再长出水中叶片。

商店里就有这种水陆两生的水草，购买后可以欣赏它在水里变化的样子。

光照和二氧化碳必不可少

和陆生植物一样，水草也通过吸收二氧化碳，在光能的作用下进行光合作用，从而得到生长必需物质。不过，水中的二氧化碳很容易释放到空气中，从而导致水族箱内的二氧化碳不足。尽管有些水草可以在弱光、低二氧化碳的环境下生长，但最好还是使用二氧化碳添加器，这样更能促进水草生长。这种添加器有很多种类，可以综合考虑价格以及水草的量进行购买。

还有些水草是需要施肥的。水草的肥料分为溶于水的液体肥料和埋于底砂中的固体肥料两种。液体肥料需要定期少量添加，而固体肥料埋在根部发达的水草根部附近最有效。

对环境变化极为敏感的植物

尽管有时环境满足种植水草的条件，但还是有不少水草在种下的几天后就枯萎了。这时一定要对水族箱的环境进行再次检查。

水草枯萎的主要原因

- **光量不足**：无法得到必需的光量
- **二氧化碳不足**：无法得到必需的二氧化碳
- **肥料过多或不足**：肥料过剩，或无法得到所需养分
- **水温问题**：温度比适温高或低
- **疾病问题**：被病原菌和霉菌打倒

检查要点如下。

1. 光量。
2. 二氧化碳。
3. 肥料过多或不足。
4. 水温。
5. 疾病。

CO_2 advance system，二氧化碳添加工具

此外，培育水草所使用的工具和肥料，有可能会同时成为引起苔藓滋生的重要因素。在水族箱布置初期，苔藓常常会异常滋生。这一般是水质稳定之前的暂时现象。但水族箱布置完成一星期之后，苔藓仍然异常滋生的话，可以使用除藓工具将附着在玻璃面和底砂上的苔藓除去。至于附着在水草上的苔藓，最好用手轻轻拂去。无法取出的苔藓，就通过投放以苔藓为食的热带鱼来去除。

尽管一开始苔藓的数量会让人感到吃惊，但也不要慌慌张张进行换水，甚至使用改变水质的调节剂，耐心等待水质的改善即可。苔藓是一定会附着于玻璃面和底砂上的，定期进行清理即可。

Tetra Crypto，药片状水草生长促进剂

Project Soil，水草育成专用土

小巧整齐的绿温蒂椒草，不必添加二氧化碳，适合初级者

网草美丽的蕾丝状叶片，非常纤细、敏感

水草的修剪方法

享受水中园艺的乐趣吧

要想保证水草美丽的状态，就要在水草长高之后及时进行修剪，这就像园艺一样。要让水族箱始终保持美丽，是要花费一番功夫的。

悉心照料就能美丽生长

水草的健康生长暗示着良好的水族箱环境，这对饲养者来说无疑是一件好事。倘若水草生长过盛，不仅会破坏美感，还会遮挡光线，较低矮的前景水草因此无法得到光线的照射而枯萎。这时就需要对不必要的水草进行修剪。

水草分为有茎类水草、莲座叶丛类水草以及其他类水草三个种类。每类水草的修剪方法都不同。有茎类水草在生长状态下进行修剪，其分枝的茎将会斜向上生长。除非是想营造出一种茂密繁盛的感觉，否则必须一株株拔出单独修剪。相比之下，莲座叶丛类水草只需修剪外侧叶片的根部部分即可，不需要费多大功夫。如果是叶子浮在水面上的水草，在其生长结束后进行修剪会给人一种清爽的感觉。

水族箱的乐趣不仅在于观赏热带鱼，也在于欣赏美丽的水草造景。

另外，莲座叶丛类水草如果顺利生长，在主茎旁边会生出侧茎，侧茎顶端会长出子株。不必担心，子株不久后便会扎根，待其长到一定程度之后即可切除，进行栽种。

一旦不悉心照料，水草就会从底床浮出水面。要想避免这样的局面，就要认真照料水草，打造一个美丽的水族箱。

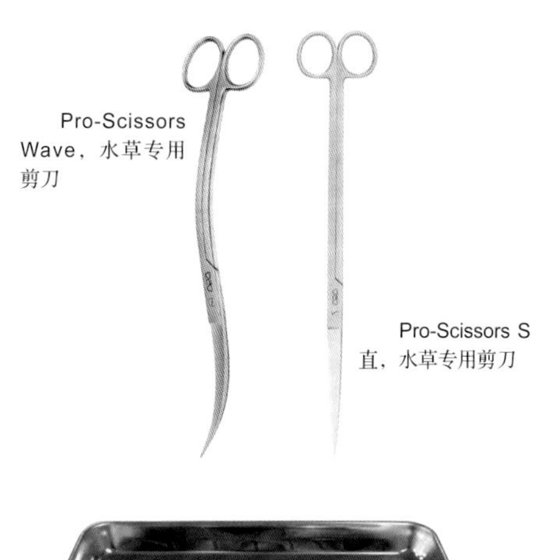

Pro-Scissors Wave，水草专用剪刀

Pro-Scissors S 直，水草专用剪刀

盘子

专业镊子

有茎类水草修剪顺序

①抓住根部一株一株拔起。

2

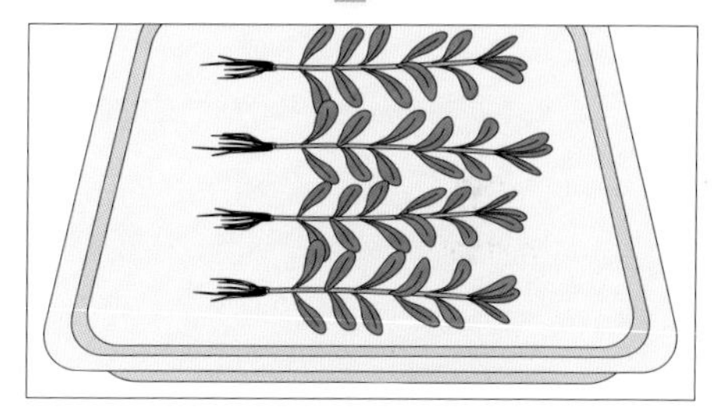

②将拔下的水草并排放置在盘子中。

3

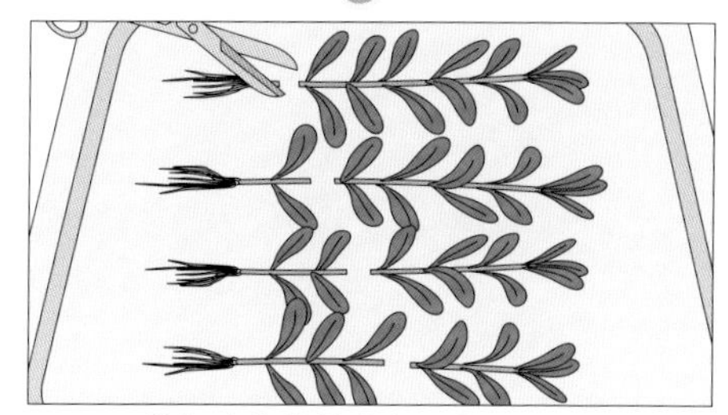

③把水草修剪成自己喜欢的长度。修剪的时候从茎节的下部剪掉。

4

④用小镊子将水草一株一株地种回。也可以将第 3 步剪下的部分种下，打造出茂密繁盛感。

热带鱼和水草　用语说明

二氧化碳…………二氧化碳，主要用于水族箱内水草的养殖。

二氧化碳高压储气瓶…………液体二氧化碳储气瓶，搭配调节器使用。

二氧化碳控制器…………调节添加二氧化碳的工具，带有计时装置，开闭电磁阀即可。

二氧化碳专用管…………往水族箱内添加二氧化碳所使用的管道，采用不易泄漏的材质制成。

二氧化碳储气瓶…………二氧化碳的高压储气瓶。

二氧化碳连续测定器…………测定 pH 的工具，放置在水族箱内，每隔 1~3 个星期会自动进行测定。

红虫………………通体赤红，称作红虫，是摇蚊的幼虫。是许多鱼类喜爱的食物，可做饵料帮助鱼类恢复体力。直接喂养或冷冻、晒干均可。

水族箱 / 馆………饲养、种植水生生物的水缸、水族馆或养殖槽等的总称。

水族箱管理者……打理水族箱的人。

亚种………………虽大到可作独立种类，但因适应环境而产生基因变化，形成一个变种的生物群。

喷雾器……………分解工具，分解从二氧化碳储气瓶里向水族箱里的水输送的二氧化碳。

脂鳍………………在背鳍与尾鳍间的小鳍。不是所有鱼类都有脂鳍，脂鲤的脂鳍最有名。

亚马孙……………南美洲亚马孙流域，栖息着许多热带鱼。

白化种……………体内色素缺失导致的基因突变。眼部色素的缺失导致鱼眼通红且血管清晰可见。

泡巢………………雄性丝足鱼或搏鱼为养育幼鱼而用泡做成的巢。

氨气………………对鱼及水草有害的剧毒性物质。异养生物将残饵、鱼粪及枯叶等有机物分解后形成的气体。过滤层正常的情况下，会被硝化细菌属的亚硝酸菌分解为亚硝酸。

活饵………………生物活体饵料。小型鱼可投喂红虫或线蚯蚓，大型鱼甚至可以金鱼作饵。

一年生草…………在一年内发芽、开花、结果，最终枯萎，留下种子的植物。

沙蚕………………可作活饵使用。细长状红色蚯蚓，也被叫作线蚯蚓。

薯类………………根叶均露出的椭圆状植物，有休眠期。

浮草………………漂浮在水面的水生植物。

羽毛状叶脉………叶片中间有粗叶脉，粗叶脉两侧各有羽毛状叶脉。

鳞…………………鱼类、爬虫类体表所覆盖的薄片，也有名字为鳞的鱼。

空气石……………为使氧气更快溶于水，将空气储气瓶中的空气细分解所用的工具，也称分散器。

空气储气瓶………向水族箱输送空气所用的器具。

空气输送…………利用空气储气瓶，向水族箱内输送空气。

液肥………………液状肥料。

蛋形斑点…………非洲口育鱼类雄性尾鳍所带的斑纹。因为形状椭圆似蛋而得名。在产卵雌鱼误将该斑纹当作鱼卵而衔住时，有助于口内鱼卵受精。

尾鳍腐烂病………尾鳍腐烂，需用药物治疗。

尾鳍………………不同鱼类的尾鳍形状也各有不同。不少鱼类就有类似剑尾鱼的尾鳍特征。

母株………………用来繁殖子株。

块茎………………块状的茎。由于储藏营养物质而使地下茎的一部分变得肥大。

海水鱼……………栖息于热带地区海洋内的养殖鱼类的总称。

外置式过滤器……内置压力泵的过滤装置，连接水族箱外软管进行安装。

改良品种…………人工改良品种（与野生品种相对）。

扩散器……………往水族箱内添加二氧化碳的工具。

扩散筒……………扩散器的一种。促进二氧化碳溶解于水的筒状工具。

学名………………生物种类的唯一命名，世界通用。

隐匿处……………由岩石和流木组成的鱼类藏身之处（掩蔽处）。

成活………………植物在流木和岩石等地方生根。

脂鲤………………热带鱼种类。以小型而美丽的鱼类为主，如霓虹灯鱼等。

玻璃盖……………保温，并防止鱼类跳跃出所使用的水族箱盖。

换水………………替换水族箱的水。

干眠………………部分鳉鱼的鱼卵必须在水中放置数星期才能进行孵化，它们在这段时间会进行干眠（夏眠）。

归化………………把动物从本来的栖息地人为地转移至新的地区，使其在新环境中定居、繁殖。

基茎部……………茎的最下部。

基茎叶……………基茎部生出的叶。

产卵基质…………利于具有黏着性的鱼卵附着在岩石和流木上孵化的材料，如盘丽鱼、神仙鱼。

半咸水……………入海河口等区域中海水和淡水混合在一起的水。

半咸水域…………在河口等海水和淡水交汇的水域。

半咸水鱼…………栖息于海水与淡水交汇的半咸水域的鱼类。

反头鱼……………脑袋常常上仰的鱼，如铅笔鱼。

防逆流制动器……空气泵和二氧化碳高压储气瓶制动的时候，防止通气管水流逆流的制动器。

球茎………………地下茎的一种。因储存养分导致茎状肥大呈球形。

休眠期……………生物暂时停止生长活动的时期。

锯叶………………叶片边缘呈锯齿状的叶子。

花鳉………………分布范围广泛，是拥有大量改良品种的卵胎生青鳉中的代表性鳉鱼。

茎下部……………有茎类水草的茎以下的部分。

茎节………………茎上的节。

茎顶部……………茎的顶端。

茎顶叶……………茎顶端生出的叶。

原种……………… 品种改良前的种子，处于自然状态下的种子。

就地捕鱼………… 在鱼类栖息地捕鱼。

好气性细菌……… 细菌的一种，需要氧气环境，如亚硝酸菌属及硝酸菌属。

背景……………… 标记水族箱布局的位置区分用语。与前景和中景相对，形容水族箱深处的景观。

高光量…………… 光束总量高。

光合作用………… 植物利用光能，将二氧化碳转换为氧气和养分（等同于碳酸同化作用）。

杂交……………… 不同种类的雄性与雌性交配（或使它们交配），如茉莉鱼和剑尾鱼。

硬水……………… 硬度在 10 以上的水。非洲丽鱼最喜欢这种水质。一般不适用于普通热带鱼的养殖。肥皂不易打泡是硬水的特征。

交配器…………… 参照生殖器官释义。

硬度……………… 溶于水中的钙和镁的浓度。

肥料过剩………… 植物所施肥料超过植物所需。

光量……………… 水族箱照明的光束总量。

子株……………… 由母株繁殖而生的植物。

固体肥料………… 固体状的肥料。

枯死……………… 植物干枯而死。

互生……………… 植物的叶片于各个节上交替生长一枚。

古代鱼…………… 保留古代形态存活至今的鱼的总称，如骨舌鱼、恐龙鱼、鳐鱼等。

生殖器官………… 指繁殖过程中为将精子送入雌鱼体内而产生变化的雄鱼尾鳍，是判断鳉鱼雌雄的依据（同交配器）。

鼠鱼……………… 生活在南美，鲶科鱼。

混养……………… 在一个水族箱中混合饲养多种鱼类。

根茎……………… 横亘在地下的、类似根的茎。

根生植物………… 类似蒲公英，叶子从根部长出的植物。莲座叶丛。

擦过伤…………… 鱼类碰触到网或水族箱布局设施，或受到其他鱼类攻击时所形成的伤。蹭伤。

珊瑚砂…………… 由珊瑚礁组成的砂，能使水的硬度和 pH 上升。

产卵箱…………… 卵胎生鳉鱼在繁殖过程中经常使用到的小型箱子。出于防止刚出生的幼鱼被亲属鱼吃掉，以及保护弱鱼的目的，放置在水族箱内使用。

产卵管…………… 作产卵床使用。常用于盘丽鱼和神仙鱼，多为陶器制。

丽鱼……………… 以神仙鱼、盘丽鱼、短鲷等鱼类为代表的鱼群。

异养细菌………… 分解残饵、鱼粪、枯叶等有机物，使自养细菌（亚硝酸菌和硝酸菌）能够更好吸收的细菌。

睡眠运动………… 根据光线的明暗而开合叶片的植物习性之一。即使灯还开着，狐尾藻类到了睡眠时间也会根据习性合上叶子。

棕榈……………… 网状的细纤维质，椰子树的皮。常用作鳉鱼和鲃鱼的产卵床。

顶部置过滤器…… 安置在水缸上方的过滤装置。

臀鳍……………… 腹鳍和尾鳍之间的鱼鳍，部分鱼类的臀鳍同尾鳍相连。

人为分布………… 人为地扩大本不属于该地域的鱼类的分布数量，如黑鲈和蓝鳃鱼。

人工海水………… 人工制作的海水，制作半咸水时使用。

人工饲料………… 出于鱼类营养的考虑而制作的人工饵料。各种鱼类都有量身打造的饵料，比起处理活饵更方便。

水温计…………… 对于水族箱来说绝对不能少的测量水温的工具。现在有数码式和液晶式的水温计，初学者也能很快上手。

水质……………… 水的性质。根据水中所含成分不同而各有不同，判定指标有pH和硬度等多种。

浮水植物………… 生长在水面上的植物。

水生植物………… 在水边生长的植物总称。

水族箱…………… 装水并可以饲养生物的缸，大小、材质、形状各有不同。

水下根…………… 植物生长在水中的根。

水下叶…………… 水生植物在水下生长的叶片。

食鳞鱼…………… 会剥掉其他鱼类的鱼鳞并吃掉的鱼，如须鲶鱼和比拉鱼。

底草……………… 新的水族箱中，最先铺设的较易存活的水草，如青叶等。

海绵过滤器……… 搭配水下电机和空气泵使用的过滤装置。一般不会误吸幼鱼。

蹭伤……………… 鱼与水草摩擦，或受到其他鱼类攻击而产生的伤，也叫作擦伤。

二型性鱼………… 雌雄两性身体形状及颜色完全不同的鱼。

背鳍……………… 鱼背部的鳍。

节间……………… 水草茎的节和节之间的部分。

前景……………… 水缸前部造景，同中景、背景相对。

修剪……………… 参照修整一词。

全绿……………… 叶片为绿色，光滑，无凹凸。

底土……………… 土壤底床。主要用于种植水草。

藻类……………… 苔藓等在水中栖息的低等动物的总称。

侧线……………… 通过感觉水流和声音以保持身体平衡。鱼体两侧线状排列。

底床……………… 水族箱底部用砂石等铺设而成。

对生……………… 每一茎节相对生一对叶片。

体侧……………… 有侧线和许多花纹的鱼体两侧。

荷兰风水族箱…… 受荷兰园艺影响的一种设计风格。

二氧化碳………… CO_2。

碳酸同化作用…… 参照光合作用解释。

淡水……………… 湖泊、沼泽、河流等完全不含盐分的水。

淡水鱼…………… 栖息在淡水中的鱼。

地下茎…………… 像根一样，伸入地下的茎。

幼鱼……………… 刚出生的小鱼仔。

中景……………… 水族箱中部造景，同前景和后景相对。

挺水植物………… 根部固着在水底，茎和叶的一部分露出水面的植物。

顶芽……………… 茎的顶端生出的芽。

顶叶……………………茎的顶端生出的叶。

珍脂鲤……………………珍稀脂鲤的简称。热带鱼高级者喜欢用来称呼进口量少的脂鲤。

施肥……………………添加肥料。

整理水草……………………为了增加水草而对水草进行修剪。

盘丽鱼……………………以亲属鱼体表黏液孵育幼鱼而为人们所知，圆盘形鱼。世界分布范围广，改良品种也多。

肥料不足……………………植物生长所需肥料不足。

内置过滤器……………………搭配空气泵和水中电机使用，安置于水槽底部的过滤装置。

小脂鲤……………………观赏鱼中人气很高的小型脂鲤的总称。

生物育养小箱……………………在同一个水族箱内，将水域和陆域地区分开的水陆兼具的设计手法。陆域部分常在苔藓和营养液中种植水草。

三角鳍……………………孔雀鱼的尾鳍形状，形同三角形而因此得名。

斗鱼……………………搏鱼或是斗鱼，因为进入同一个地方就会开始激烈争斗而得名。因为美丽与攻击性兼具而人气很高。

自养细菌……………………指将异养细菌细化分解的有机物（氨和铵）分解成亚硝酸的亚硝酸菌，以及把亚硝酸盐分解成硝酸盐的硝酸细菌。

修整……………………剪掉茎和叶，使水草能够更好生长。

投入式……………………使空气泵工作的简单过滤装置。

生饵……………………活着的鱼饵。

鲶科鱼……………………比例最大的淡水鱼群体的鱼的总称，像小猫一样有胡须。

软水……………………硬度在 9 以下的水。

二次淡水鱼……………………原本是海鱼，渐渐适应了淡水后变成了淡水鱼。

亚硝酸菌……………………把氨和铵分解亚硝酸的细菌。好气性细菌的一种。

硝酸菌……………………把亚硝酸盐分解成硝酸盐的细菌。好气性细菌的一种。

热带鱼……………………栖息在热带及亚热带地域的鱼类总称。分为生活在海里的热带海水鱼和生活在川河池湖的热带淡水鱼。在日本，主要是淡水鱼和半咸水鱼的总称。

肺鱼……………………拥有和肺相似的器官，可用其呼吸的鱼，属于古代鱼。在干燥的季节时，会作茧度过。

叶背……………………叶片背面。

白点病……………………鱼类体表出现白色斑点。水温变低的时候容易发病，药物可治疗。

白变种……………………体内色素缺失，导致体表颜色变白或变黄的异种。不过，和白点病不一样，此类鱼眼睛的颜色还是正常的。

背景屏障……………………在水族箱内外铺设的塑料制薄膜。水族箱装饰的一种。

发光细菌……………………寄生于体侧，可以反射光线的一种细菌，如金色霓虹脂鲤。

发情期……………………为了繁殖，雄性引诱雌性的期间。

腹鳍………………鱼腹部的一对鱼鳍，部分鱼类的腹鳍会变化成吸盘状。

水陆水族箱………再现了自然湿地带。同水族箱和生物育养箱不同，其是用整个房间来进行展示的。

球茎………………球状茎。

斑点叶……………叶片上出现的斑点状图案。

水螅………………可自我繁殖，腔肠动物的一种。

比拉鱼……………因肉食鱼而得名，属脂鲤。

肥料………………植物所必需的营养成分。

扇形尾……………尾鳍像一把大扇子。

肉食鱼……………以小鱼为主食的鱼，如斑点雀鳝。

孵化………………鱼卵得到孵化后，幼鱼出生。

腹水病……………鱼的腹腔有大量积液。

复叶………………两片以上小叶组成的叶。

节…………………茎上叶片长出的地方。

换部分水…………换掉水族箱里的一部分水。

卤虫………………生活在半咸水中的甲壳类的一种，它的幼虫是刚出生幼鱼的最佳饲料。

黑水………………单宁酸过多的水质，通过添加剂有可能制成。

鲶科………………独自进化而成的，生活在南美洲的鲶科鱼总称。

吻部………………通常指动物向前突出的口、唇等。

一对………………雌鱼雄鱼。

氢离子浓度指数…把水中氢离子的含量用 pH 的单位来表示。pH7.0 代表水是中性，高于这个数值就是碱性，低于这个数值就是酸性。

pH 控制器………安置在水中自动控制水的 pH 的控制器。

低头鱼……………头部常常向下的鱼，如独须叶鱼。

底栖食性…………把砂砾和饵料含在嘴里，在嘴里细分解后再吃掉的食性。

本种………………本书经常出现的词语，意指“这种鱼”。

口育………………把鱼卵和幼鱼放在口中孵育的繁殖形式。非洲湖产丽鱼、骨舌鱼等都很具有代表性。

母株………………繁殖原始株种。

水草农场…………种植水草的农场。

耳叶………………像耳垂一样，叶子的一部分膨胀起来的现象。

无茎草……………只有叶子，没有茎的水草。

胸鳍………………鱼类胸部的一对鱼鳍。部分种类呈辫子状。

迷宫器官…………参见迷路囊解释。

藻类………………热带鱼世界中的苔藓。附着在流木、岩石或水族箱的玻璃面上。

野生种……………不受人为影响的自然品种。

有茎类草…………有茎的水草。根部伸入底床，茎部伸出水面。

溶解氧……………溶解于水中的氧气量。氧气量少会导致鱼类死亡，可通过通风换气补充。

雷鱼………………是钓鱼者青睐的鱼种，属蛇头鱼。

长尾鳍……………尾鳍两端伸长。

迷路囊……………攀鲈的辅助呼吸器官。在鳃呼吸取氧之外，还能进行空气呼吸。因为结构复杂，而被称作迷路囊（迷宫器官）。

迷宫鱼……………拥有迷路囊的鱼的总称，如攀鲈、蛇头鱼等。

胎生鳉鱼…………鳉鱼的一种。以卵的形式在腹中孵化，孵化成幼鱼后生出，如孔雀鱼。

蔓…………………为了长出新的水草而横生出的枝蔓。

轮生………………叶茎的每个节都长了三片以上的叶子。

调节器……………装配在氧气和二氧化碳管泵上，控制气体排出量。减压用工具。

莲座叶丛状………从短茎开始叶片丛生，像是从根部开始就有叶片生长的圆座形。

黑尾鱼……………尾鳍为黑色的鱼。